植物种质资源引进流程生物安全风险防控标准体系

徐 晗 主编

中国农业科学技术出版社

图书在版编目(CIP)数据

植物种质资源引进流程生物安全风险防控标准体系 / 徐晗主编. --北京：中国农业科学技术出版社，2022.11
ISBN 978-7-5116-6008-4

Ⅰ.①植… Ⅱ.①徐… Ⅲ.①植物-侵入种-风险管理-标准体系-中国 Ⅳ.①Q941-65

中国版本图书馆 CIP 数据核字(2022)第 210216 号

责任编辑 于建慧
责任校对 王 彦
责任印制 姜义伟 王思文

出 版 者 中国农业科学技术出版社
北京市中关村南大街 12 号 邮编：100081
电 话 (010) 82109708 (编辑室) (010) 82109702 (发行部)
(010) 82109709 (读者服务部)
网 址 https://castp.caas.cn
经 销 者 各地新华书店
印 刷 者 北京中科印刷有限公司
开 本 148 mm×210 mm 1/32
印 张 5
字 数 120 千字
版 次 2022 年 11 月第 1 版 2022 年 11 月第 1 次印刷
定 价 48.00 元

《植物种质资源引进流程生物安全风险防控标准体系》
编　委　会

主编　徐　晗

编委　张永江　杜　伟　翟俊峰　陈　炜
胡诗瑶　王　聪　何佳遥

前　言

种质资源是保障国家粮食安全与重要农产品供给的战略性资源，是科技原始创新与现代种业发展的物质基础。

我国农作物种类丰富多样，但许多重要的农作物如小麦、玉米、马铃薯、紫花苜蓿等并不起源于我国，迫切需要引进这些作物的优异种质资源。《全国农作物种质资源保护与利用中长期发展规划（2015—2030年）》明确提出，加强与东南亚、西亚、拉丁美洲等玉米、小麦、马铃薯等作物起源地及多样性富集国家和美国、俄罗斯、澳大利亚等牧草种质资源保护大国的合作，开展种质资源的联合考察、技术交流，建立联合实验室，共享研究成果和利益，加大优异资源引进和交换力度。近年来，我国农业种质资源保护与利用工作取得积极成效，植物种质资源引进工作也在积极进行，但植物种质资源引种工作蕴含一定的生物安全风险。《国务院办公厅关于加强农业种质资源保护和利用的意见》明确指出，一方面，加强农业种质资源国际交流，推动与农业种质资源富集的国家和地区合作，建立农业种质资源便利通关机制，提高通关效率。另一方面，要对引进的农业种质资源定期开展检疫性病虫害分类分级风险评估，加强种质资源安全管理。

本书从植物种质资源引进的相关法律法规、引种流程、风险分析、风险管理、标准技术等几个方面出发，分析实际工作中可能涉及的标准技术方法，初步构建了植物种质资源引种流程生物安全风险防控标准体系框架。

由于作者水平有限，植物种质资源引进工作也在不断完善，书中难免有不足和疏漏之处，敬请读者和同行专家批评指正。

编　者

2022 年 11 月 2 日

目　录

第一章　植物种质资源生物安全相关法律法规

第一节　植物种质资源概念

根据《中华人民共和国种子法》，种质资源是指选育植物新品种的基础材料，包括各种植物的栽培种、野生种的繁殖材料以及利用上述繁殖材料人工创造的各种植物的遗传材料。其中，种子是指“农作物和林木的种植材料或者繁殖材料，包括籽粒、果实、根、茎、苗、芽、叶、花等”。《进境植物繁殖材料检疫管理办法》中规定的植物繁殖材料主要指用于贸易、生产、来料加工、代繁、科研、交换、展览、援助、赠送等的种苗及其他可供繁殖的植物体，如植株、苗木（含试管苗）、果实、砧木、接穗、插条、叶片、芽体、块根、块茎、鳞茎、球茎、花粉、细胞培养材料（含转基因植物）等。本文所述植物种质资源为上述指代范围。

第二节　我国相关的法律法规

农业农村部、国家林业和草原局分别主管全国农作物种子和林木种子工作，中华人民共和国海关总署主管进出境植物繁殖材料检验检疫工作，各部门间互相协作、配合，完善种质资源进境检疫监管。相关的法律法规有《中华人民共和国种子法》《进出口农作物种子（苗）管理暂行办法》《中华人民共和国进出境动植物检疫法》《中华人民共和国植物检疫条例》《国外引种审批管理办法》《引进林木种子、苗木检疫审批与监管规定》《进境动植物检疫审批管理办法》《进境植物繁殖材料检疫管理办法》《进境植物繁殖材料隔离检疫圃管理办法》《进出境转基因产品检验检疫管理办法》《进境栽培介质检疫管理办法》等。各个法规、条例阐述了与种质资源有关的检疫工作，具体到种质资源的生物安全管控，仅有《进境植物繁殖材料检疫管理办法》涉及了从境外到境内的工作流程管理，境内隔离检疫有《进境植物繁殖材料隔离检疫圃管理办法》，但其均以管理为主，如检疫审批、许可证、指定口岸的要求等，更为具体的风险防控方法或涉及的其他生物安全因素还需借鉴其他法规或标准，如《进境栽培介质检疫管理办法》《进出境转基因产品检验检疫管理办法》《进境植物和植物产品风险分析管理规定》等。有针对性的外来植物繁殖材料或种质资源的引进流程、流程管理、风险因素、匹配标准技术等目前并不清晰，还需不断解读现有国际、国内法规，标准体系文件，才能进一步厘清整个流程及风险因素。

一、《中华人民共和国生物安全法》

《中华人民共和国生物安全法》于2020年10月17日由中华人民共和国第十三届全国人民代表大会常务委员会第二十二次会议审议通过，2021年4月15日施行。制定本法的目的是维护国家安全，防范和应对生物安全风险，保障人民生命健康，保护生物资源和生态环境，促进生物技术健康发展，推动构建人类命运共同体，实现人与自然和谐共生。其中，生物安全是指国家有效防范和应对危险生物因子及相关因素威胁，生物技术能够稳定健康发展，人民生命健康和生态系统相对处于没有危险和不受威胁的状态，生物领域具备维护国家安全和持续发展的能力。该法适用的范围就包含“防控重大新发突发传染病、动植物疫情”“生物技术研究、开发与应用”“生物资源安全管理”和“防范外来物种入侵与保护生物多样性”。而外来植物种质资源，即植物繁殖材料，具有携带外来植物疫情、外来入侵物种的风险。同时，人工干预基因编辑的遗传材料也存在未知的生物技术安全风险。

二、《中华人民共和国种子法》

《中华人民共和国种子法》是为了保护和合理利用种质资源，规范品种选育、种子生产经营和管理行为，保护植物新品种权，维护种子生产经营者、使用者的合法权益，提高种子质量，推动种子产业化，发展现代种业，保障国家粮食安全，促进农业和林业的发展而制定的法律。2021 年 12 月 24 日，中华人民共和国第十三届全国人民代表大会常务委员会第三十二次会议通过《全国人民代表大会常务委员会关于修改〈中华人民共和国种子法〉的决定》，自 2022 年 3 月 1 日起施行。在“第五章种子生产经营”“第六章种子监督管理”“第七章种子进出口和对外合作”和“第九章法律责任”中，都提及了种子在生产经营、管理以及进出口环节涉及的有害生物问题，以及对违反检疫规定行为的惩罚措施。

对国内繁育种子产地的规定：“第三十二条　从事种子生产的，还应当同时具有繁殖种子的隔离和培育条件，具有无检疫性有害生物的种子生产地点或者县级以上人民政府林业草原主管部门确定的采种林。”

对种子生产检疫要求的规定：“第三十四条　种子生产应当执行种子生产技术规程和种子检验、检疫规程，保证种子符合净度、纯度、发芽率等质量要求和检疫要求。”

对携带检疫性有害生物为劣种子的规定："第四十八条　禁止生产经营假、劣种子。农业农村、林业草原主管部门和有关部门依法打击生产经营假、劣种子的违法行为，保护农民合法权益，维护公平竞争的市场秩序。"其中"（三）带有国家规定的检疫性有害生物的"为劣种子。

对种子生产及管理中防疫的规定："第五十三条　从事品种选育和种子生产经营以及管理的单位和个人应当遵守有关植物检疫法律、行政法规的规定，防止植物危险性病、虫、杂草及其他有害生物的传播和蔓延。禁止任何单位和个人在种子生产基地从事检疫性有害生物接种试验。"

对种子进出口防疫的规定："第七章　种子进出口和对外合作"中"第五十六条　进口种子和出口种子必须实施检疫，防止植物危险性病、虫、杂草及其他有害生物传入境内和传出境外，具体检疫工作按照有关植物进出境检疫法律、行政法规的规定执行。"

三、《进出口农作物种子（苗）管理暂行办法》

该办法是种子管理法规，主要目的是加强进出口农作物种子（苗），即进出口种质资源和进出口生产用种子（试验用种子、大田用商品种子和对外制种用种子）的管理，促进我国农作物种子（苗）的对外贸易与合作交流。办法共 5 章 20 条，核心章节是"第三章进出口生产用种子的管理"，规定了进出口农作物种子（苗）质量、数量及审批部门。与检疫相关管理措施还需参照《中华人民共和国进出境动植物检疫法》等实行。原"第二章进出口种质资源的管理"已于 2003 年 7 月 8 日由《农作物种质资源管理办法》废止。

四、《中华人民共和国进出境动植物检疫法》和《中华人民共和国植物检疫条例》

《中华人民共和国进出境动植物检疫法》经 1991 年 10 月 30 日第七届全国人民代表大会常务委员会第二十二次会议通过，中华人民共和国主席令第 53 号发布，2009 年修正，共 8 章 50 条。该法为防止动物传染病、寄生虫病和植物危险性病、虫、杂草以及其他有害生物（以下简称病虫害）传入、传出国境，保护农、林、牧、渔业生产和人体健康，促进对外经济贸易的发展而制定。由进境检疫、出境检疫、过境检疫、携带和邮寄物检疫以及运输工具检疫等核心内容构成。更具体的工作要求以《中华人民共和国植物检疫条例》为准。

《中华人民共和国植物检疫条例》于 1983 年 1 月 3 日国务院发布，经 1992 年、2017 年两次修订。该条例为防止为害植物的危险性病、虫、杂草传播蔓延，保护农业、林业生产安全而制定，共 24 条。第十二条对从国外引进种子、苗木的检疫审批及隔离试种进行了简要说明。

五、《国外引种检疫审批管理办法》

《国外引种检疫审批管理办法》为农业农村部制定的管理办法，于 1993 年 11 月 10 日公布，经 1999、2017、2019 年 3 次修订。该管理办法是为了加强对国外（含境外，下同）引进种子、苗木和其他繁殖材料的检疫管理，根据《植物检疫条例》第十二条的规定而制定的。从国外引进种子、苗木和其他繁殖材料，实行农业农村部和各省、自治区、直辖市农业农村厅（局）两级审批，由农业农村部全国植物保护总站和各省（自治区、市）农业农村厅（局）植物检疫（植保植检）站执行。主要规定了引种检疫申请、检疫审批、种苗入境后检疫和检疫审批管理。该管理办法侧重农业部门承担的检疫审批职责，与口岸检疫工作衔接部分不十分明确。

六、《引进林草种子、苗木检疫审批与监管办法》

《引进林草种子、苗木检疫审批与监管办法》为国家林草局制定的管理办法，于2019年发布，2020年执行。该监管办法是为了规范从国外（含境外，下同）引进林草种子、苗木的检疫管理，有效防止外来有害生物入侵，保护国土生态安全、经济贸易安全，根据《行政许可法》《森林法》《种子法》《草原法》《植物检疫条例》《濒危野生动植物进出口管理条例》《植物检疫条例实施细则（林业部分）》《植物检疫条例实施细则（农业部分）》的相关规定而制定的。凡从国外引进林草种子、苗木（以下简称“林草引种”）的检疫申请、受理、审批和监督管理，适用该办法。该办法所称林草种子、苗木，是指林木和草的种植材料或者繁殖材料，包括苗、花、根、茎、叶、芽、籽粒、果实等。乔木、灌木、竹、藤、花卉、药用植物、种球、营养繁殖苗等种类的引进均由林业部门审批、监管。林草引种检疫管理工作实行引种风险管理和种植地属地监管制度，并与农业农村部、海关等检疫部门互相沟通和协作。该办法由检疫申请、受理与审批、检疫监管等几个主要部分组成。

七、《进境动植物检疫审批管理办法》

《进境动植物检疫审批管理办法》于2002年8月2日由原国家质量监督检验检疫总局令第25号公布，2018年根据海关总署令第240号修改并重新公布。该管理办法是为进一步加强对进境动植物检疫审批的管理工作，防止动物传染病、寄生虫病和植物危险性病虫杂草以及其他有害生物的传入，根据《中华人民共和国进出境动植物检疫法》及其实施条例的有关规定而制定的。该办法适用于对进出境动植物检疫法及其实施条例以及国家有关规定需要审批的进境动物（含过境动物）、动植物产品和需要特许审批的禁止进境物的检疫审批。海关总署根据法律法规的有关规定以及国务院有关部门发布的禁止进境物名录，制定、调整并发布需要检疫审批的动植物及其产品名录。

八、《进境植物繁殖材料检疫管理办法》

《进境植物繁殖材料检疫管理办法》为原国家出入境检验检疫局于 1999 年 12 月 24 日发布，2018 年根据海关总署令第 240 号修改并重新公布实施的管理办法。该管理办法为防止植物危险性有害生物随进境植物繁殖材料传入我国，保护我国农林生产安全，根据《中华人民共和国进出境动植物检疫法》及其实施条例等有关法律、法规的规定而制定的。该办法适用于通过各种方式进境的贸易性和非贸易性植物繁殖材料（包括贸易、生产、来料加工、代繁、科研、交换、展览、援助、赠送以及享有外交、领事特权与豁免权的外国机构和人员公用或自用的进境植物繁殖材料）的检疫管理。海关总署统一管理全国进境植物繁殖材料的检疫工作，主管海关负责所辖地区的进境繁殖材料的检疫和监督管理工作。海关总署统一管理全国进境植物繁殖材料的检疫工作，主管海关负责所辖地区的进境繁殖材料的检疫和监督管理工作。

九、《进境植物繁殖材料隔离检疫圃管理办法》

《进境植物繁殖材料隔离检疫圃管理办法》为原国家出入境检验检疫局于 1999 年 12 月 24 日发布，2018 年根据海关总署令第 238 号修改并重新公布。该管理办法是为做好进境植物繁殖材料隔离检疫工作，防止植物危险性有害生物传入我国，根据《中华人民共和国进出境动植物检疫法》及其实施条例等有关法律法规的规定而制定。该办法所指的进境植物繁殖材料隔离检疫圃（以下简称隔离检疫圃）应当由海关总署或直属海关指定，授予承担进境植物繁殖材料隔离检疫工作的资格。隔离检疫圃根据海关的要求，承担进境的高、中风险的植物繁殖材料的隔离检疫，出具隔离检疫结果和报告，并负责隔离检疫期间进境植物繁殖材料的保存和防疫工作。

此外，本办法还涉及隔离检疫圃人员和设施、申请承办检疫圃程序、检疫圃职责、隔离种植期、疫情报备、保管处理、种植要求、无害化处理等工作，需符合有关规定要求。

十、《进出境转基因产品检验检疫管理办法》

《进出境转基因产品检验检疫管理办法》为原国家出入境检验检疫局于2004年5月24日发布，2018年根据海关总署令第243号修改并重新公布。该管理办法为加强进出境转基因产品检验检疫管理，保障人体健康和动植物、微生物安全，保护生态环境，根据《中华人民共和国进出口商品检验法》《中华人民共和国食品安全法》《中华人民共和国进出境动植物检疫法》及其实施条例、《农业转基因生物安全管理条例》等法律法规的规定而制定。该办法适用于对通过各种方式（包括贸易、来料加工、邮寄、携带、生产、代繁、科研、交换、展览、援助、赠送以及其他方式）进出境的转基因产品的检验检疫。该办法所指“转基因产品”是指《农业转基因生物安全管理条例》规定的农业转基因生物及其他法律法规规定的转基因生物与产品。海关总署负责全国进出境转基因产品的检验检疫管理工作，主管海关负责所辖地区进出境转基因产品的检验检疫以及监督管理工作。

十一、《进境栽培介质检疫管理办法》

《进境栽培介质检疫管理办法》为原国家出入境检验检疫局于1999年12月24日发布，2018年根据海关总署令第243号修改并重新公布。该办法为了防止植物危险性有害生物随进境栽培介质传入我国，根据《中华人民共和国进出境动植物检疫法》及其实施条例而制定。该办法适用于进境的除土壤外的所有由一种或几种混合的具有贮存养分、保持水分、透气良好和固定植物等作用的人工或天然固体物质组成的栽培介质。海关总署统一管理全国进境栽培介质的检疫审批工作。主管海关负责所辖地区进境栽培介质的检疫和监管工作。

十二、《农业转基因生物安全管理条例》

中华人民共和国国务院令第304号《农业转基因生物安全管理条例》于2001年5月9日国务院第38次常务会议通过，并公布。该条例为了加强农业转基因生物安全管理，保障人体健康和动植物、微生物安全，保护生态环境，促进农业转基因生物技术研究而制定。在中华人民共和国境内从事农业转基因生物的研究、试验、生产、加工、经营和进口、出口活动，必须遵守该条例。该条例所称农业转基因生物安全，是指防范农业转基因生物对人类、动植物、微生物和生态环境构成的危险或者潜在风险。

该条例所称农业转基因生物，是指利用基因工程技术改变基因组构成，用于农业生产或者农产品加工的动植物、微生物及其产品，主要包括如下内容。

——转基因动植物（含种子、种畜禽、水产苗种）和微生物；

——转基因动植物、微生物产品；

——转基因农产品的直接加工品；

——含有转基因动植物、微生物或者其产品成分的种子、种畜禽、水产苗种、农药、兽药、肥料和添加剂等产品。

在该条例“第五章进口与出口”中，第三十条明确规定“从中华人民共和国境外引进农业转基因生物用于研究、试验的，引进单位应当向国务院农业行政主管部门提出申请”，并对引进单位资质、引进条件等作出相应要求。第三十一条“境外公司向中华人民共和国出口转基因植物种子、种畜禽、水产苗种和利用农业转基因生物生产的或者含有农业转基因生物成分的植物种子、种畜禽、水产苗种、农药、兽药、肥料和添加剂的，应当向国务院农业行政主管部门提出申请”，需满足相关要求并完成中间试验、环境释放和生产性试验后，“经安全评价合格，并取得农业转基因生物安全证书后，方可依照有关法律、行政法规的规定办理审定、登记或者评价、审批手续”。

此外，第三十三条还规定，经国务院农业行政主管部门审批，获得农业转基因生物安全证书和相关批准文件后，还需向口岸出入境检验检疫机构报检；经检疫合格后，方可向海关申请办理有关手续。不符合规定进口农业转基因生物，例如没有国务院农业行政主管部门颁发的农业转基因生物安全证书和相关批准文件的，或者与证书、批准文件不符的，作退货或者销毁处理。另外，进口农业转基因生物不按照规定标识的，重新标识后方可入境。

十三、《农作物种质资源管理办法》

《农作物种质资源管理办法》为 2003 年 7 月 8 日原农业部令第 30 号公布，2004 年 7 月 1 日原农业部令第 38 号、2022 年 1 月 7 日农业农村部令 2022 年第 1 号修订。该办法为了加强农作物种质资源的保护，促进农作物种质资源的交流和利用，根据《中华人民共和国种子法》的规定而制定。在中华人民共和国境内从事农作物种质资源收集、整理、鉴定、登记、保存、交流、利用和管理等活动，均适用该办法。该办法所称农作物种质资源，是指选育农作物新品种的基础材料，包括农作物的栽培种、野生种和濒危稀有种的繁殖材料，以及利用上述繁殖材料人工创造的各种遗传材料，其形态包括果实、籽粒、苗、根、茎、叶、芽、花、组织、细胞和DNA、DNA片段及基因等有生命的物质材料。农业农村部设立国家农作物种质资源委员会，研究提出国家农作物种质资源发展战略和方针政策，协调全国农作物种质资源的管理工作。委员会办公室设在农业农村部种植业管理司，负责委员会的日常工作。各省（区、市）农业农村主管部门可根据需要，确定相应的农作物种质资源管理单位。

十四、《国家级农作物种质资源库（圃）管理规范》

《国家级农作物种质资源库（圃）管理规范》是农业农村部办公厅印发的管理规范，于2022年4月11日起实施，旨在进一步加强和规范国家级农作物种质资源库（圃）管理，明确了建立确定、运行管理以及考核评估等要求，为种质资源收集保护、鉴定评价和共享利用打好基础。依托科研院所、高等院校、企业及其他社会组织等法人机构设立的国家级种质资源库（圃）的建立确定、运行管理、考核评估等适用该规范。国家级种质资源库（圃）是我国农作物种质资源安全保存与共享利用的战略性、基础性和公益性设施，承担农作物种质资源收集、整理、鉴定、登记、保存、交流和利用等工作。农业农村部种业管理司负责国家级种质资源库（圃）的建立确定和监督管理等工作，各省级农业农村部门负责本行政区域内国家级种质资源库（圃）的管理工作，共同推动形成国家级种质资源库（圃）与省级农作物种质资源库（圃）有机衔接、互为补充的协同工作机制。农业农村部农作物种质资源保护与利用中心负责国家级种质资源库（圃）的技术指导、管理考核等工作。

第三节　国际植物保护组织

国际植物保护组织（IPPC）是植物保护领域国际合作的多边协议组织和协调工具，是国际植物保护领域影响最大的国际公约组织，也是世界贸易组织（WTO）《实施动植物卫生检疫措施的协议》下唯一的植物检疫措施标准制定组织。

1951年，联合国粮食及农业组织（FAO）通过《国际植物保护多边条约》。1952年，该条约由34个签署国政府批准生效，这些签署国就成为了IPPC的组织成员。随着全球农业和国际贸易的不断发展，FAO于1979年和1997年两次对IPPC公约进行了修改。IPPC公约的宗旨是为确保各缔约方采取共同而有效的行动来防止植物及植物产品有害生物的扩散和传入，促进采取防治有害生物的适当措施，并承担相关国际义务。

长达8年之久的乌拉圭回合谈判达成了世界贸易组织（WTO）的重要国际多边协定《实施动植物卫生检疫措施的协定》（SPS协定），规定了IPPC组织为植物检疫国际标准的制定机构，并在植物检疫领域承担着重要的协调作用。鉴于此，1992年，IPPC秘书处作为联合国粮食及农业组织的下设机构正式在意大利罗马成立，主要任务是在IPPC公约框架指导下，在全球范围内组织制定ISPMs，向缔约方提供技术援助以促进标准在国家水平执行，通过国际植物检疫门户网站（IPP）的建设进行信息交流。此外，IPPC秘书处工作还涉及争端解决、与其他国际组织合作等，而标准制定是其中最重要的一项工作。

截至2016年7月，IPPC组织共有182个缔约成员，分属7个地区植保组织（RPPOs）。我国于2005年10月20日正式加入IPPC组织，成为了IPPC第141个缔约国，官方联络点为农业农村部。

为便于在一定地理区域内防止危险性植物有害生物传播，促进区域内国际植物保护的合作，IPPC公约要求各缔约方相互合作，在适当的地方建立区域性植物保护组织（The Regional Plant Protection Organizations，RPPOs），以协调成员国间的植物检疫活动，传递植物保护信息。目前，已建立10个RPPOs：欧洲和地中海区域植物保护组织（European and Mediterranean Plant Protection Organization，EPPO）、泛非植物检疫理事会（Inter-African Phytosanitary Council，IAPSC）、北美植物保护组织（North American Plant Protection Organization，NAPPO）、亚太区域植物保护委员会（Asia and Pacific Plant Protection Commission，APPPC）、加勒比海区域植物保护委员会（Caribbean Plant Protection Commission，CPPC）、太平洋植物保护组织（Pacific Plant Protection Organization，PPPO）、中美洲植物保护组织（Comunidad Andina，CA）、南锥体区域植物保护委员会（Comite de Sanidad Vegetal del Cono Sur，COSAVE）、近东植物保护组织（Near East Plant Protection Organization，NEPPO）、区域国际农业卫生组织（Organismo Internacional Regional de Sanidad Agropecuaria，OIRSA）。

国际植物检疫措施标准（International Standard）是植物检疫领域的国际标准，也是植物检疫遵循的国际规则。近年来，ISPMs发展迅速，并在世界范围内得到了广泛的应用，在协调各国植物检疫措施、提升植物检疫措施科学性、减少植物检疫措施对贸易的影响等方面发挥了积极作用。自1993年11月FAO第27次会议批准了第1项标准《国际贸易中植物保护和植物检疫措施应用的植物检疫原则》（ISPM No. 1）以来，目前IPPC秘书处公布的ISPMs已有44项，主要分为8类：综合管理类，为制定和国际贸易相关的植物检疫政策和措施提供依据；植物检疫措施类，用于指导和规范各成员相关植物检疫措施；有害生物风险分析类，用于指导和规范各成员有害生物风险分析工作；有害生物区域化管理，用于指导和规范划定有害生物疫区、建立和认可非疫区和低度流行区等工作；有害生物管理类，用于指导和规范有害生物监测、疫情确定、报告和根除等工作；查验检测类，用于指导和规范货物检疫查验、实验室检测鉴定等工作；检疫处理类，用于指导和规范检疫处理工作；具体业务管理类，用于指导和规范具体植物检疫业务。

第二章　植物种质资源风险分析

第一节　风险分类

研究引种流程、风险环节及防控标准技术，最终目的是在种质资源引种的整个过程中，将生物安全风险降到最低，杜绝一切可能的外来有害生物带来的危害。需要从种质资源自身开始（如自身作为有害生物的风险），以及根据不同用途、生产方式、运输途径等可能携带的有害生物风险，直至引种地风险监控，才能将风险环节厘清，采取风险管控措施，将风险降至最低。

根据植物种质资源引种目的或用途，外来种质资源在目的国家或地区生境暴露程度，决定引进该种质资源携带的生物安全风险及管控措施。如果小批量引进用于科研，仅限于实验室内试验用，则传播病害风险极低，不必采取过多的管制措施；如果大批量引进用于商业推广大田种植等，则一些潜在的生物安全风险会有很大可能在目的国家或地区适宜生境中定殖、扩散。因而，是否采取管制措施，采取何种程度的管制措施，与种质资源引种目的或用途相关。这就需要从最开始引种时，就对引进的种质资源目的或用途进行风险分析，再决定是否加强境外产地检疫以及入境后的检验检疫及监管等。

一、原定用途（引种目的）概念

原定用途是指某种植物或植物产品，被某国家（地区）因为某种用途而引进，例如引进植物种苗用于种植，引进植物产品用于食用等。ISPM 第 5 号《植物检疫术语》（更新于 2022 年）定义原定用途为“进口、生产或使用植物、植物产品或其他物品时声明的目的”。《国际植物保护公约》第 VI. 1b 款声明，“缔约方对检疫性有害生物和非检疫性限定有害生物采取检疫措施，用于保证植物健康和（或）商品原定用途……”。此外，在国际植物检疫措施标准（ISPMs）中，涉及“原定用途”的概念还有如下内容。

ISPM 第 11 号（2004 年）第 2. 2. 1. 5 和第 2. 2. 3 节，当分析有害生物转移到一个适宜的寄主及其定殖后进行扩散的潜力时，考虑的因素之一是商品的原定用途。

ISPM 第 12 号（2001 年）第 2. 1 节，可根据植物检疫证书上所显示的不同原定最终用途，采用不同的检疫要求。

ISPM 第 16 号（2002 年）第 4. 2 节，经济上不可接受的影响风险，因有害生物、商品及其原定用途不同而异。

ISPM 第 20 号（2004 年）第 5. 1. 4 节，针对特定的有害生物或针对一特定转播途径（如商品）的所有有害生物，可以开展有害生物风险分析，某一种商品可以根据其加工程度和（或）其原定用途来分类。

ISPM 第 21 号（2004 年），广泛使用了原定用途的概念。

ISPM 第 23 号（2005 年）第 1. 5 节，在植物检疫措施中决定是否采用检验的因子之一是商品的种类和原定用途。

商品的加工程度及原定用途，决定其携带的有害生物风险不同，最终采取的植物检疫措施不同。因而，IPPC 植物检疫措施委员会批准通过了第 32 号国际植物检疫措施标准《基于有害生物风险的商品分类》（更新于 2012 年）。引进植物种质资源也存在不同的原定用途，根据上述标准，在生物安全风险分析初期，对引进植物种质资源进行风险分类，便于有针对性地采取风险管控措施。

二、植物及植物产品根据原定用途和加工程度的分类

《基于有害生物风险的商品分类》（ISPM 第 32 号，2012）

该标准根据商品的原定用途，将其主要分为三大类：种植用、消费和其他用途（如手工艺品、装饰品、切花）加工用。同时根据商品的加工程度分为四大类：加工程度达到无检疫性有害生物风险（不需要植物检疫措施）、加工后仍具有检疫性有害生物风险（需要风险分析认定是否采取检疫措施）、未加工处理但非繁殖用（需有害生物风险分析，如水果、蔬菜和切花）、未加工处理但原定用途为种植的商品（如插条、种子、马铃薯种薯、离体培养植物等）（见图 2-1）。因而，在植物及植物产品中，用于种植的植物繁殖材料所蕴含的生物安全风险最高。

三、种植用植物根据原定用途（引种目的）的分类

1.《限定非检疫性有害生物：概念及应用》（ISPM 第 16 号，2021）

根据 ISPM 第 5 号《植物检疫术语》，种植用植物指“已种、待种或再种的植物”（粮农组织，1990 年）。在国际植物检疫措施标准中，种子从种植用植物中分出，单独制定为一项标准，即第 38 号《种子的国际运输》。根据种植用植物的原定用途，种子主要分商业引种和商业前期引种，也就是既可以用来生产其他商品，又可以繁种育种用。种子之外的种植用植物管制措施形成第 36 号标准《种植用植物综合措施》。

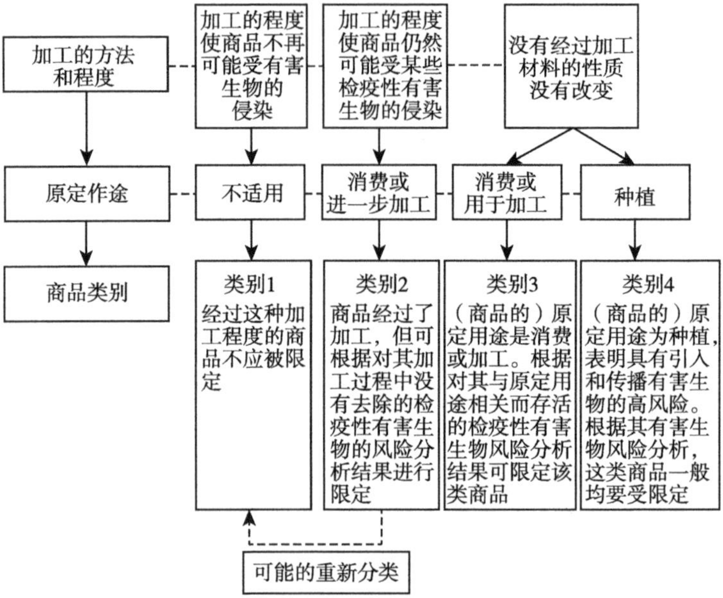

图 2-1　基于有害生物风险的商品分类流程（引自 ISPM 第 32 号）

总体上，种植用植物原定用途主要有：

——为直接生产其他商品（如水果、插花、木材、谷物等）而种植；

——保持已种植状况（如观赏植物）；

——繁种、育种（如块茎、插枝、种子）。

2.《种植用植物综合措施》（ISPM 第 36 号，2019）

除种子之外，根据引种目的不同，引进的种植用植物的组织结构也不一样，不同的植物组织携带的有害生物风险不同，按风险从低到高的大致排序（顺序可随具体情况而变化）如下。

——分生组织培养物；

——离体培养物；

——芽条/砧木；

——不带根扦插材料；

——带根扦插材料；

——根段、小根或根茎；

——球根类；

——裸根植物；

——盆栽带根植物。

此外，有害生物风险随株龄的增加而增长，株龄越老，接触有害生物的时间就越长。此外，植株是被用作一年生还是多年生，是种在室内还是室外，是种在城市、大田还是苗圃等，也影响其风险高低。

3.《种子的国际运输》（ISPM 第 38 号，2021）

种子引进主要分商业引种和商业前期引种。商业引种主要用于农作物、饲料、观赏植物、生物燃料、纤维、林业生产和药用种植。商业前期引种，是指在商业推广种植前的科研需要以及育种和繁种使用。因此，基于不同引种目的或用途的引种，其生产、加工、包装工艺不同，决定了其携带有害生物风险的高低，因而所具有的生物安全风险也不相同。

（1）实验室检测或试验用种子　这类种子不是用于种植或释放到有害生物风险分析区域。如不释放到环境中，没有必要开展有害生物风险分析。引进用于检测的种子是用来发芽检测，其目的不是种植。实验室检测的要求或类似的限制，以及要求对检测后的种子及其生长出的植株最终销毁等植物检疫措施足够防范风险。

（2）用于评估、育种、保藏的种质　这类引进用于研究的种子在受保护的环境（如温室、生长箱）或隔离的田间生长，通常种植在能防止将检疫性有害生物传播到有害生物风险分析区域的条件下。所采取的植物检疫措施与评估出的有害生物风险管理措施相符即可。

（3）大田种植用种子　计划用于扩散种植到有害生物风险分析区域的种子，存在很高的检疫性有害生物风险，应采取植物检疫措施。这些措施应与评估出的有害生物风险相符，需要管控限定的非检疫性有害生物，并公布准许其进境的允许量。

（4）混合、调制和散装种子　种子混合是将不同的种类、品种或栽培品系组合到一批种子中（如草坪草混合种子、野花混合种子）。种子调制是将同样品种不同批次的种子组合到一批种子中。种子散装是不同田间的同一品种收获后立即组合到一批种子中。不同产地和不同年份的种子可能被混合或调制。混合、调制和散装种子中的所有种子应当符合有关的进口植物检疫要求。在评估混合、调制或散装种子的有害生物风险时，应当考虑有害生物、寄主和原产地的所有情况。在确定混合、调制或散装种子的总体有害生物风险时，还应当考虑混合、调制或散装过程（如稀释、增强处理）。可以对需要出证的种子组成成分进行检测和检验，也可对混合或散装种子检测和检验。混合、调配或散装种子的所有组成成分都应当可追溯。

第二节　风险分析标准

一、《有害生物风险分析框架》（ISPM 第 2 号，1995、2007）

有害生物风险分析过程，是用于明确是否采取何种植物检疫措施的一个技术手段。有害生物风险分析过程可用于以前没有被视为有害生物的生物体（如植物、生物防治剂或其他有益生物、活体修饰生物），公认的有害生物，途径和植物检疫政策审查。该过程包括 3 个阶段：起始、有害生物风险评估、有害生物风险管理。

该标准提供了关于有害生物风险分析第 1 阶段的详细指导，概述了有害生物风险分析第 2 阶段和第 3 阶段，讨论了整个有害生物风险分析过程的一般问题。关于第 2 阶段和第 3 阶段，涉及有害生物风险分析过程的 ISPM 第 3 号（2005 年）、第 11 号（2004 年）和第 21 号（2004 年）。

有害生物风险分析过程从第 1 阶段开始，即认定可能需要进行有害生物风险评估的生物体或途径或者关于确定的有害生物风险分析地区。第一步是确定或确认有关生物体是否有有害生物。如果认定没有有害生物，则不需要风险分析。如有，则在第 2 阶段和第 3 阶段继续进行，同时需要结合参考其他标准。信息搜集、文献记录和风险信息交流以及不确定性和一致性，是有害生物风险分析所有阶段的共同问题（图 2-2）。

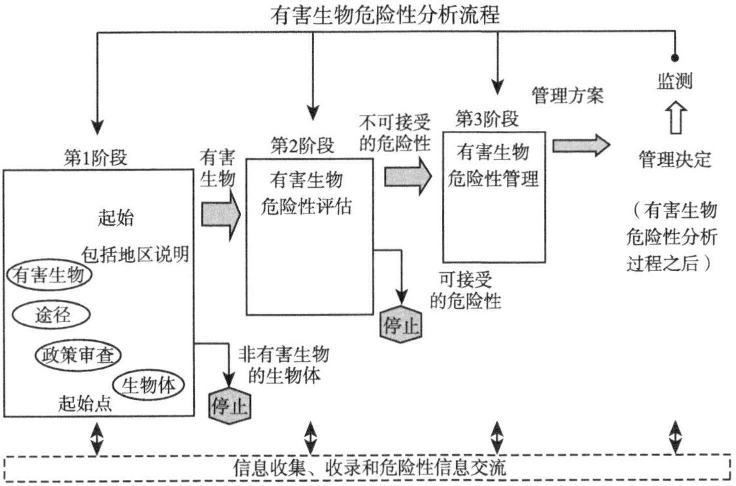

图 2-2　有害生物风险分析流程（引自 ISPM 第 5 号）

二、《植物检疫术语》（ISPM 第 5 号，1994 年以后多次修订）及补编

作为 ISPM 第 5 号的术语表第一版，于 1999 年经植物检疫措施临时委员会第二届会议通过，此后经反复修改。经修正的现行版本已由 2021 年 3 月植物检疫措施委员会第十五届会议通过。

该标准列出了对全世界植物检疫系统有特定含义的术语和定义，为了提供与实施《国际植物保护公约》（IPPC）、国际植物检疫措施标准（ISPMs）中国际上商定的统一词汇。在国际植物检疫措施标准中，所有提到的植物都应理解为包含藻类和真菌类在内的植物界种类，物种学名与关于藻类、真菌类和植物的《国际命名法规》一致。该标准还有补编 1“官方防治和未广泛分布概念的解释和应用准则”及补编 2“潜在经济重要性和有关术语，包括环境问题术语的理解准则”。在进境植物繁殖材料风险防控标准技术应用中，不明确的术语可参照本标准理解、使用。

三、《检疫性有害生物风险分析》（ISPM 第 11 号，2001 年以后多次修订）

有害生物风险分析的目标是，在某一地区查明检疫上需要关注的有害生物和/或传播途径并评价其风险，查明受威胁地区并酌情选定风险管理方案。

检疫性有害生物风险分析工作分 3 个阶段进行。

1. 第一阶段（工作开始）

查明检疫上需要关注，针对确定的有害生物风险分析地区确定认为需要进行风险分析的有害生物和传播途径。

2. 第二阶段（风险评估）

对各种有害生物进行分类，以确定是否符合检疫性有害生物的

标准。风险评估后，评价有害生物进入、定殖、扩散的可能性及其潜在的经济影响（以及环境影响）。

3. 第三阶段（风险管理）

确定管理方案以减少第二阶段查明的风险。对这些方案的效力、可行性和效果进行评估，选定适宜的方案。

四、《限定的非检疫性有害生物概念及应用》（ISPM 第 16 号，2002）

某些有害生物为非检疫性有害生物，需要采取植物检疫措施，因为根据植物的原定用途，这些有害生物在种植用植物中的存在能造成不可接受的经济影响。这种有害生物就是限定非检疫性有害生物，通常在输入国存在且可能已扩散其在输入国国内是被官方防治的，因而，随种植用植物可能进入的这类有害生物将被采取同样的管制措施，即作为限定的非检疫性有害生物来管理（表 2-1）。

表 2-1　检疫性有害生物与限定的非检疫性有害生物的比较

衡量标准	检疫性有害生物	限定的非检疫性有害生物
有害生物分布状况	不存在或者有限分布	存在并可能广泛分布
原定用途或贸易途径	所有用途或途径流通的植物及植物产品携带的有害生物	仅针对种植用植物可能携带的有害生物
经济影响	可预判	不明确
官方防治	一旦发现立即采取官方防治措施，能够根除或封锁疫情	对于特定的种植用植物官方正在防治以便能够抑制疫情发展

五、《限定的有害生物名录准则》（ISPM 第 19 号，2003）

该标准介绍了制定、修订及提供限定的有害生物名录的程序。限定有害生物名录由输入国拟定，详细列出需采取植检措施的所有有害生物。检疫性有害生物，包括需采取临时措施或紧急措施的检疫性有害生物，以及限定非检疫性有害生物均应列入清单。清单所需信息包括有害生物学名、有害生物类别和因该有害生物而需限定的商品或其他物品。输入国拟定并更新限定的有害生物清单，有助于防治有害生物传入、扩散，通过增加透明度有利于安全贸易。

六、《限定的非检疫性有害生物风险分析》（ISPM 第21号，2004）

限定的非检疫性有害生物是可通过植物种植传播、扩散，需要采取植物检疫措施的有害生物。限定的非检疫性有害生物通常存在于输入国或地区，但属于尚未根除且难以防控的种类。这类有害生物随着植物繁殖体传入后，极可能随着种植用而扩大定殖、传播、扩散范围。

对限定的非检疫性有害生物进行有害生物风险分析（PRA）的目的是，确定有害生物风险分析地区与种植用植物相关的有害生物，评估其风险以便确定风险管理备选方案。

对非检疫性限定有害生物进行有害生物风险分析的过程同样分为 3 个阶段。

1. 第一阶段（过程的开始）

包括确定与种植用植物相关的有害生物，它们不是检疫性有害生物，但可能受到官方关注，并对有该生物存在的有害生物风险分析区进行风险分析。

2. 第二阶段（风险评估）

首先对与种植用植物及其原定用途相关的单个有害生物进行分类，以确定是否符合限定的非检疫性有害生物的标准。以及进一步确定种植用植物是否是有害生物侵染主要来源，明确有害生物对这些种植用植物的原定用途造成的经济影响是否不可接受。

3. 第三阶段（风险管理）

以及进一步确定有害生物的容许量，避免造成第二阶段所确定的不可接受的经济影响，并确定管理方案能够将这类有害生物限定在这一允许量水平。

七、《使用过的车辆、机械和设备的国际运输》（ISPM 第 41 号，2019）

该标准对国际运输中曾应用于农业、林业、园艺、土方运输、露天采矿、废物处理及军事使用过的车辆、机械及设备（International movement of used vehicles, machinery and equipment, VME）携带的有害生物风险进行了明确和分类，并确定了适当的植物检疫措施。

相关植物检疫措施有：清洗和处理、预防污染、设施和废物处理要求，以及查验程序。同时还为各国国家植物保护机构（NPPOs）在对军用 VME 植物检疫措施上提供了指导。

反复使用的 VME 在国家间频繁贸易或以其他方式移动。它们可能曾用于农业和林业，也可能曾用于建筑、工业、采矿和废弃物管理，也能是国际军用 VME。根据出口前的用途、储存或运输方式，使用过的 VME 可能会携带检疫性有害生物或限定性有害生物。当作为贸易商品或异地经营在国际间运输时，使用过的 VME 可能携带土壤、有害生物、植物残体或种子，能给目的地国家带来有害生物风险，例如向农区、林区、荒地或其他区域引入检疫性有害生物。

八、《植物检疫进境管理系统准则》（ISPM 第 20 号，2004）

进境植物检疫管理系统的目的是，防止检疫性有害生物传入或限制限定的非检疫性有害生物与商品或其他限定物一起进入。进境管理系统包括两个部分：一个是植物检疫法律、法规和程序的管理框架；另一个是负责该系统运作或监督该系统的官方主管部门国家植保机构。法律框架应包括国家植保机构履行其职责的法定权力，输入商品应当遵守的措施，有关输入商品和其他限定物品的其他措施（包括禁令），以及当发现违规情况或需要紧急行动的情况时可采取的行动，包括关于过境货物的措施。

在实施进境管理体系时，国家植保机构应执行《国际植保公约》（1997 年）第 IV 条第 2 款中确定的有关进境的相关职责：监测、检验、检疫处理、有害生物风险分析、工作人员的培训和发展。这些职责涉及以下领域的有关职能：行政管理、检查和遵守情况核查，对违规采取行动，紧急行动，人员授权，解决争端。此外，缔约方可以赋予国家植保机构其他职责，例如管理措施的制定和修改等。国家植保机构需要资源来履行这些职责和职能，还需要国际和国家联络，文献记录、情况交流和审查。

第三章　植物种质资源引进检疫流程

根据《中华人民共和国生物安全法》《中华人民共和国进出境动植物检疫法》等生物安全、植物检疫行政法规，从国外引进植物种质资源除满足《中华人民共和国种子法》等法规所述质量、数量等要求之外，还需符合农业、林业、海关部门进境检疫规定。根据《进境植物繁殖材料检疫管理办法》，进境植物种质资源的生物安全、植物检疫，除中、高风险种类需隔离检疫外，其余流程与其他植物及植物产品进境检疫流程大体相同。主要分为检疫准入、产地预检、检疫审批、现场检疫、实验室检测、隔离检疫、检疫监督、疫情监测。其中，风险评估、检测鉴定、抽样、检疫处理、疫情监测几个技术要素，在不同流程环节中均有涉及。

根据植物种质资源所处时空不同，可将植物种质资源引进流程分为入境前、入境时、入境后 3 个阶段，不同阶段涉及的生物安全、植物检疫风险防控工作也不尽相同，现简单分述如下。

第一节　入境前检疫流程

检疫准入、产地预检、检疫审批属于引种前，也就是入境前的准备工作。

一、检疫准入

检疫准入是对首次进境植物及植物产品开展的风险管理工作，根据入境产品的风险高低，采取不同的准入流程。首次进境产品，经风险分析后，认为风险水平不高，采取一般的植物检疫措施可以满足风险管控需求，就无须采取双边议定书等形式，可直接公布准许进口。经风险分析评估为高风险进境物，则需经过以下严格准入程序，方可准许进境。在首次进境检疫准入后，后续再次或多次进境的产品，无须重复本程序，经检疫审批即可办理入境手续。

首次进境高风险植物及植物产品，通常需经检疫准入启动、风险分析、确定风险管理措施、境外种植圃登记注册、对外公布，共5个检疫准入程序。

1. 检疫准入启动

首次向我国输入种质资源，由输出国或地区官方植物检疫部门向中国官方植物检疫部门提出书面申请，并提供风险分析相关技术资料。技术资料包括输出种质资源在输出国或地区种植区域、品种、面积、收获季节等；种植过程中有害生物发生情况及防治措施；产品生产加工方式和储运方式；输出国家或地区该类种植资源对外出口情况等。

2. 风险分析

收到申请后，官方植物检疫部门组织专家根据国际、国家、行业标准等，开展风险分析，明确禁止进境有害生物名单和风险管控措施备选方案。根据初步风险分析结果，赴境外产地预检，完善并形成最终风险分析报告提交管理部门。

3. 确定风险管理措施

官方管理部门起草双边议定书，确定风险管理措施，贸易双方磋商，最终明确植物卫生条件和要求。

4. 境外种植圃登记注册

根据双方认定的注册登记条件和程序，对申请企业进行审核，并向我国推荐。经我国官方植检部门审查合格的，与输出国或地区主管部门协商后，我国派员赴企业进行安全监管体系现场考察和抽查，最终明确可登记注册的企业。

5. 对外公布

拟进口的产品经上述程序后，主管检疫部门将以公告形式发布准入的产品名单、双边议定书（含检疫要求）等信息，并在外网公布经过注册登记的企业名单。

二、产地预检

实际属于检疫准入风险分析环节中的一部分，是进口国或输入国家地区的检疫人员在植物生产期间到产地进行检验、检测的过程。主要明确输出国家或地区产地是否携带中方关注的检疫性有害生物、非疫区和非疫产地官方措施落实情况、是否实施生长期疫情监测等。本环节生物安全风险隐患及防控措施，与入境后引种地实施的疫情监测工作大体一致。

三、检疫审批

检疫审批是主管部门根据已掌握的国家或地区的植物疫情情况，根据有害生物风险分析，对预备输入或过境的植物及植物产品进行审查，最终决定是否批准其进境或过境的过程。检疫审批分一般审批和特需审批。一般审批里，植物种质资源主要涉及两类，一是通过贸易、科研、赠送、援助等方式输入的植物繁殖材料；二是携带、邮寄的植物繁殖材料。特许审批是指因科研或引种资源需要试种而引进的植物繁殖材料。

引进植物种质资源的审批主要由农业和林业部门负责，引进种质资源携带的栽培介质则需通过海关总署进行审批。科研试种需要的小批量引种，需通过海关总署办理特许审批。引种的植物种质资源为转基因或含转基因成分的，需符合农业和海关管理要求。

第二节　入境时检疫流程

现场检疫和实验室检测为植物及植物产品进境时开展的生物安全、植物检疫工作。

一、现场检疫

现场检疫主要包括现场查验和现场抽样。现场查验是指对运输植物及植物产品的运输工具、货物及存放场地、外包装及其他应检物开展的直观检验。现场抽样是依据货物种类和有害生物特性进行的代表性样品的科学抽样，用于随后的实验室检测。

二、实验室检测

实验室检测是在现场检疫时，对无法诊断的病虫草害等需要进一步检测鉴定的环节。在本环节，根据国际、国家、行业有关的有害生物诊断规程、标准，对送检样品采取形态、生理生化、分子生物学等方法的检疫鉴定，按相关要求形成鉴定报告。最终将鉴定好的病、虫、草标本，作为凭证标本并妥善保存。对不需要保存的可能携带疫病的材料进行销毁处理，防止疫情泄漏。

第三节　入境后检疫流程

隔离检疫和疫情监测是入境后需要开展的生物安全、植物检疫工作。

一、隔离检疫

隔离检疫主要针对植物繁殖材料而设置。由于进境用于种植的植物繁殖材料携带有害生物风险高，病症隐蔽，入境时生物安全风险难以识别，因而需要在特定的隔离检疫圃试种一个或几个生长周期，避免疫情漏检。

二、疫情监测

疫情监测是对隔离检疫后或检疫处理后低风险种类放行的，在引种地种植的植物繁殖材料进行后续疫情监管的措施。具体包括对装卸点、运输路线、引种地大田等的疫情监测。根据相应标准推荐的监测方法实施。

第四章　植物种质资源引进流程生物安全风险及防控标准技术

第一节　入境前风险及防控标准技术

种质资源入境前最关键的生物安全监控阶段主要为产地生产环节。根据国际植物检疫措施标准（ISPM）第 36 号《种植用植物综合措施》和第 38 号《种子的国际运输》，本节主要介绍种植用植物在产地生产期间主要风险及防控标准技术。

一、种植用植物产地生产环节生物安全风险

1. *产地生产环节生物安全风险监管的必要性*

由于植物病虫草害的隐蔽性，必须在产地生产环节，保证种源的生物安全。根据《种植用植物综合措施》（ISPM 第 36 号），主要原因如下。

——当有害生物数量较少时，植物体表面无明显的直观症状；

——检疫时，感染症状可能由于当时施用农药、养分不均衡、病害在休眠、存在其他非限定性有害生物或带症状的叶子被去除等因素，而未能呈现；

——小型昆虫或虫卵可能隐藏在树皮内或鳞芽内；

——货物的包装类型、规格及物理形态都会影响检查的有

效性；

——对有的有害生物，缺乏检测手段；

——需要出口国国家植保机构和生产者均参与种植用植物的生产期监管才能控制生物安全风险。

2. 产地生产环节生物安全风险

（1）生产方式　种植用植物的生产方式也会影响有害生物的风险水平，根据《种植用植物综合措施》（ISPM 第 36 号），这些因素主要如下。

生长介质：土壤作为生长介质比无土栽培携带的有害生物风险更大，因为土壤有许多土传有害生物（如微生物、节肢动物、线虫）。在种植前对生长介质进行消毒、高温灭菌或其他有效方法的处理能起到降低某些有害生物风险的作用。

灌溉方法及水源：灌溉水的水源及质量也会影响有害生物风险。对于可借助水传播的有害生物，地表水带来的有害生物风险高于经过处理的水。同样，灌溉方法也会造成有利于有害生物发生与传播的小气候或条件（如漫灌而非滴灌）。

（2）生长条件　植物的生长条件或栽培环境按风险从低到高可分为：生长室、温室、网室、使用容器（盆、缸等）在大田种植、大田种植以及从野外采集的植物。

封闭空间，如生长室、温室和网室等，与大田种植的植物相比，通常能更好地保护植物并将有害生物隔离。使用经过灭菌处理的生长介质种植的植物，无论在容器里，还是在薄膜上，都能受到一定保护，免受土传有害生物的侵害。大田种植的作物通常需要进行栽培和化学防治。从野外采集的植物没有任何有害生物防护措施，很可能具有较高风险。水生植物，无论是通过有底床还是无底床的方式生产，都有传播有害生物的风险。

（3）生长介质　土壤是种植用植物生长介质中的一种，因携带多种有害生物，被认为是最具高风险的生长介质。此外还有多种材料构成的生长介质。

根据材料特性，《种植用植物相关生长介质的国际运输》（ISPM 第 40 号）常用生长介质及其有害生物风险如下。

——烘烤过的黏土颗粒：惰性材料，无有害生物；

——合成介质（如玻璃棉、矿石棉、聚苯乙烯、泡沫塑料、塑料颗粒、聚乙烯、聚合物稳定淀粉、聚氨基甲酸酯、吸水聚合物）：惰性材料，无有害生物；

——蛭石、珍珠岩、火山岩、沸石、矿渣：生产时的高温使蛭石和珍珠岩基本无菌，无有害生物；

——黏土：无有害生物；

——砾石、沙子：无有害生物；

——纸，包括波形纸板：高水平加工，仍会有有害生物；

——组织培养介质（琼脂类）：使用前通过高压蒸气处理或灭菌，仍会有有害生物；

——椰子纤维（椰壳纤维/可可泥炭）：有害生物风险取决于加工水平；

——锯屑、木材刨花（细刨花）：颗粒大小和热处理可影响有害生物存活的概率；

——水：有害生物风险取决于来源和处理方法；

——木片：颗粒大小可影响有害生物存活的概率；

——软木：有害生物风险取决于加工水平；

——泥炭（泥炭土除外）：在其产地未接触到农业生产（如经过认证的沼泽地）的情况下有害生物风险较低。泥炭可能含有植物类有害生物的种子；

——无活力的苔藓（泥炭藓）：有害生物风险取决于加工水平。活苔藓（泥炭藓）可能含有植物类有害生物的种子；

——其他植物材料（如稻壳/糠、谷壳、咖啡果壳、落叶、甘蔗榨渣、葡萄榨渣、可可豆荚、油棕壳炭）：经过处理或来自无侵染的清洁来源可降低有害生物风险；

——树皮：有害生物风险取决于来源（可能携带森林有害生物）与加工或发酵的程度；

——生物废弃物：有害生物风险取决于来源与加工程度；

——堆肥（如城市废弃物堆肥、农业废弃物堆肥、腐殖质、腐叶土）：有害生物风险取决于来源与加工或发酵的程度。植物类有害生物的种子很普遍；

——土壤：经过处理可降低有害生物风险；

——树蕨板：有害生物风险取决于来源和处理；

——蚯蚓粪：可能含有未消化的有机物残留。蚯蚓粪应按要求早日制备，并予以处理以便在用作生长介质之前消灭所有有机物。

不同植物种质资源可能携带的生长介质，及可能存在的风险如下。

——人工矮化苗木：生长介质可能为土壤；

植物根部的土壤一般很难完全冲洗掉。可使用综合的风险控制措施将植物移栽到无土生长介质中并让其在温室中生长，尽可能降低其有害生物风险。

——裸根苗木：生长介质可能为土壤或无生长介质；

裸根是一种树木栽培技术，通过该技术将田间生长的乔木或灌木挖出，使其进入休眠状态。可摇晃苗木清除部分土壤，或冲洗掉所有土壤和生长介质。植物的大小和根部结构，以及土壤的类型对根系中的土壤能否完全清除有很大影响。

——休眠鳞茎与块茎、块根及草本多年生根：生长介质为土壤、泥炭或无生长介质；

鳞茎、块茎（包括球茎和根状茎）、块根及草本多年生根一般在田间繁育和生长，但在休眠且无生长介质的情况下运输。然而，休眠鳞茎有时可能和生长介质一起被包装。如果植物未在介质中生根，这些生长介质可被视为单独的商品（包装材料）。

——附生植物：生长介质可能为树蕨板、树皮、无活力苔藓（泥炭藓）、火山渣、岩；

附生植物，如凤梨和兰花，通常和树蕨板、树皮、木材、无活力苔藓（泥炭藓）、火山渣、岩等一起运输。这些材料一般用于支撑和装饰，而非真正的生长介质。

——苗木、枝条：可能的生长介质为多种（包括泥炭、蛭石，土壤为污染物）。

这些小型植物一般在土壤或装在容器或托盘中的无土生长介质中扎根。

——景观和开花的室内植物：可能的生长介质为多种（包括合成介质、蛭石、珍珠岩、可可泥炭）。

植物可在田间土壤中生长，也可作为装在容器中的苗木、或作为盆栽温室植物在无土生长介质中生长。

——由种子繁育的植物：可能的生长介质为多种（含泥炭、蛭石、珍珠岩）。

一年生和多年生植物一般自种在生长介质中的种子长出，并在生长介质中带根运输。

——在水或水基营养液中生根的植物：可能的生长介质为水或水基营养液；

一些植物可在有或没有合成生长介质的情况下，从插在水中或水基营养液中的切枝上长出。

——带根草本切花：可能的生长介质为多种（包括泥炭、可可泥炭、合成介质、无活力苔藓（泥炭藓）；

带根草本切花一般在装在泥炭盆或可可罐中的无土生长介质中

扎根和运输。根系纤弱，无法在不伤害植物的情况下清除生长介质。

——组培植物：可能的生长介质为无菌、琼脂类；

组培植物的生产与无菌琼脂类生长介质有关，可在密封的无菌容器或无琼脂条件下运输。

——乔木与灌木：可能的生长介质为土壤；

在苗木贸易中，包括景观树在内的较老的乔木和灌木常作为挖出的树或“土球包扎”运输。

——草坪草：可能的生长介质为土壤；

草坪草带有大量土壤。

(4) 转基因生物　转基因生物系指通过利用现代生物技术获取的拥有遗传材料新组合的生物体，旨在表示一种或多种新的或改变的特性。根据 ISPM 第 11 号，需开展有害生物风险分析的转基因生物种类如下。

——用于农业、园艺学或林学、土壤生物修复、工业用途或者作为治疗剂的植物（如改善维生素状况的转基因植物）；

——对生物防治剂和其他有益生物进行修饰以改进其性状；

——对有害生物进行修饰以改变其病理特性。

生物修饰可能导致有新特性的生物体，具有超过非修饰受体生物或供体生物或者类似生物所带来的有害生物风险。

——定殖和扩散的潜力增加；

——可能独立于该生物体发生作用且新增加的基因序列产生了超出预期的影响；

——其转基因片段进入该生物体的驯化或野生亲缘种，从而增加该相关生物体的有害生物风险。

例如转基因植物品种可与其近缘种杂交，传播未知风险。

有害生物风险分析往往考虑的是表型特征而不是与基因型特

征。对转基因生物的有害生物风险进行评估时，还应考虑基因型特征。

针对转基因生物的风险分析指标包括下述内在属性。

——对已知有害生物品种的表型相似性或遗传关系；

——对可能增加传入或扩散潜力的适应特征进行改变；

——表型和基因型的不稳定性。

关于转基因生物，评价工作需要关于受体生物和供体生物分类状况、媒介说明、遗传修饰性质、基因序列及其在受体基因组的整合位点方面的信息。

ISPM 第 11 号附件 3（2004 年）概述了转基因生物的潜在风险。根据该标准，可进行有害生物风险分析以确定该转基因生物是否有害，随后对其风险进行评估。

二、种植用植物产地生产环节生物安全风险防控措施

1. 非种子类种植用植物防控措施（引自 ISPM 第 36 号）

（1）根据有害生物类别实施的防控措施　种植用植物传带有害生物可分以下类别，根据不同类别采取不同措施。

有害生物处于潜伏期以及通过种植用植物可无迹象或无症状传播的有害生物：

——从经检验未受相关有害生物感染的母株上取材；

——与感染源隔离（如与其他寄主植株之间设立缓冲区或隔开距离，采用玻璃房或塑料大棚实施物理隔离，及时（如在生长季中）与感染源隔离（临时隔离）；

——对植物样本进行检验，确定是否未受有害生物感染；

——按照特定的认证计划或清洁原种计划进行生产，以防治相关有害生物；

——使用指示植株；

——用能消灭病原体的组织培养植物进行生产（包括茎尖分生组织培养）。

不同生长阶段呈现症状的有害生物如下。

——在生长季中检查是否未受有害生物感染或未有症状(如定期检查，可在出口前3个月里每月检查1次，或在生长的不同阶段中检查)；

——生长季对母株检验；

——收获后检验是否达到某种有害生物的特定容许量（如球根类的真菌/细菌容许量)；

——使用农药；

——保证症状能呈现出来所需的合理条件；

——按照特定的认证计划或清洁原种计划进行生产，以防治相关有害生物。

通过接触传播的有害生物如下。

——防止与感染源接触（如其他植物)；

——在不同批次之间使用剪枝工具及设备时注意人员卫生；

——在产地规划好各项活动的顺序，先处理健康状况较好的植株；

——在隔离地点使用专用防护服及设施（如网室)；

——使用农药；

——与感染源隔离（如与其他寄主植株之间设立缓冲区或隔开距离，采用玻璃房或塑料大棚实施物理隔离，临时隔离)。

通过虫媒传播的有害生物如下。

——与感染源隔离（如与其他寄主植株之间设立缓冲区或隔开距离，采用玻璃房或塑料大棚实施物理隔离，临时隔离)；

——栽种前检查是否不带有土传有害生物或其虫媒，或在容许水平内；

——使用农药防治有害生物虫媒（如蚜虫）。

气传有害生物如下。

——与感染源隔离（如与其他寄主植株之间设立缓冲区或隔开距离，采用玻璃房或塑料大棚实施物理隔离，临时隔离）；

——使用农药。

水传有害生物如下。

——使用无有害生物的水源；

——灌溉水在使用前或再次使用前需经过消毒处理；

——与感染源隔离（如与其他寄主植株之间设立缓冲区或隔开距离，采用玻璃房或塑料大棚实施物理隔离，临时隔离）。

能在植株上定殖的土传有害生物如下。

——与感染源隔离（如与其他寄主植株之间设立缓冲区或隔开距离，采用玻璃房或塑料大棚实施物理隔离，临时隔离）；

——从经检验未受相关有害生物感染的母株上取材；

——按照特定的认证计划或清洁原种计划进行生产；

——对植株进行抽样检测，确保无有害生物；

——栽种前对土壤进行处理或对土壤进行检测，确保不携带真菌、线虫、可经线虫传播的病毒等有害生物；

——使用无土生长介质。

植株附着的生长介质上的土传有害生物如下。

——生长介质在使用前需灭菌；

——使用惰性生长介质；

——使用无土生长介质；

——使植株与感染源隔离，避免与土壤接触（如放置在高于地面的长凳上）；

——出口前使用农药处理（如浸泡或熏蒸）；

——冲洗根部，去除生长介质（并使用经灭菌处理的生长介质重新栽种在经灭菌的盆内)；

植株附着土壤中的土传有害生物如下。

——与感染源隔离（如与其他寄主植株之间设立缓冲区或隔开距离，临时隔离)；

——栽种前对土壤进行处理或检测，确保无有害生物（尤其是线虫、真菌)；

——出口前用农药处理（如浸泡或熏蒸)；

——冲洗根部，去除生长介质（并重新栽种在无菌容器中的无菌生长介质里)。

(2) 根据植物引种组织材料状态实施的防控措施　分生组织培养物及离体培养物，携带有害生物：病毒及类病毒病害、细菌、真菌、茎线虫、螨和昆虫。具体措施如下。

——从经检验未受相关有害生物感染的母株上取材；

——在密封无菌条件下栽种在灭菌介质中；

——对植株进行抽样检验，确认无有害生物。

芽枝/砧木，携带有害生物：细菌及病毒、真菌、昆虫等。具体措施：采用2.1.1中的（1）至（7）所述防控方法。

不带根扦插材料，携带有害生物：昆虫、病毒、细菌、真菌等。具体措施：采用1.2.3.1中的（1）至（7）所述防控方法，或热水处理。

带根扦插材料，携带有害生物：线虫、昆虫、病毒、细菌等有害生物。具体措施：采用1.2.3.1中的（1）至（7）所述防控方法。并参考生长介质具体有害生物风险防控措施。

球根类、根段、小根或根茎，携带有害生物：线虫、病毒、细菌、真菌、昆虫等。具体措施：采用1.2.3.1中的（1）至（7）所述防控方法，或热水浸泡防治线虫。

裸根植物，携带有害生物：线虫及裸露在空气中的植株部分所携带的其他有害生物。具体措施：采用 1.2.3.1 中的（1）至（7）所述防控方法。

栽种在无土生长介质中的植物，携带有害生物：线虫及裸露在空气中的植株部分所携带的其他有害生物。具体措施：采用 1.2.3.1 中的（1）至（8）所述防控方法。

栽种在土壤里的植物，携带有害生物：线虫及裸露在空气中的植株部分所携带的其他有害生物。具体措施：采用 1.2.3.1 中的（1）至（9）所述防控方法。

2. 种子防控措施

ISPM 第 38 号《种子的国际运输》中“1.5 种子生产中的有害生物管理”，可分为种植前、收获前、收获期和收获后处理。产地生产环节亲本植株的筛选，如选择健康、具抗病性的植物品种，大田管理等，都可控制有害生物风险。常见种传、种源及可能携带的有害生物见附录 1 和附录 2。产地生产环节风险管控措施如下。

（1）种植前　采用抗性植物品种，采用健康种子（没有有害生物）：现代育种计划可以生产对有害生物具有一定抗性水平的植物品种，包括对限定性有害生物的抗性。当确认某个限定性有害生物的抗性品种不能被有害生物侵染，输入国国家植保机构可以考虑将这种抗性作为一个合适的有害生物风险管理选项。

植物品种对不同的限定性有害生物抗性水平可能不同，取决于植物的抗性特征。抗性基因可能对目标有害生物的所有或某些种、株系、生物型或致病型有效，但是新出现的种、株系、生物型或致病型可能影响抗性水平。因此有害生物的抗性应当逐项进行评估。输入国国家植保机构可以考虑在系统综合措施的框架中应用抗性品种作为适当的植物检疫措施。

种子处理：种子可以通过处理去除有害生物的侵染；种子在没有侵染时也可以进行处理，作为一般预防措施，或当种子接触环境中的有害生物时保护生长种子的苗木。种子处理也可能与有害生物无关，例如使用种苗生长促进剂处理种子。种子处理包括但不限于如下。

——农药（杀真菌剂、杀虫剂、杀线虫剂和杀细菌剂）；

——消毒剂，一般针对细菌和病毒。消毒可以在种子加工的不同阶段或在专门的消毒过程中进行；

——物理处理（如干热、蒸汽、热水、紫外光照射、高压、深冻）；

——基于不同作用模式的生物学处理（如拮抗、竞争、诱导抗性）；

——作物管理（如轮作或混栽）；

——田间选择；

——土壤或生长介质处理；

——地理上或季节上隔离；

——水的卫生或消毒。

（2）收获前　防控措施如下。

——卫生措施（如工作人员的手和鞋子、农场设备、机器和工具的消毒）；

——田间检查，如果发现症状酌情进行检测；

——田间环境卫生（如去除显症植株，去除杂草）；

——亲本植株检测；

——作物处理；

——受保护环境（如温室、生长箱）；

——水的卫生和消毒。

（3）收获期和收获后处理　防控措施如下。

——卫生措施（如工作人员的手和鞋子、农场设备、机器和工具的消毒）；

——适时收获（如种子正成熟时，结实年树木的种子，产自前熟阶段果实的种子）；

——种子提取期间使用消毒剂；

——种子清洁、干燥、调节和分拣；

——种子检测；

——种子储藏；

——种子处理；

——卫生措施（如去除植株残体、土壤或可见侵染植株及其种子）；

——种子包装和密封；

——机械处理（如分离出不带有害生物的健康种子）；

——收获方法（如树木种子采用收集垫或防水油布）。

3. 生长介质

(1) 生产阶段的处理　在生产周期的不同阶段实施处理，可减少生长介质的有害生物风险。单独或组合采用的处理措施如下。

——种植前或种植后对生长介质的处理（如蒸汽处理、热处理、化学处理、组合采用上述处理）；

——对拟用于种植用植物生产的地块或栽培床的处理；

——对灌溉用或用作生长介质的水或水基营养液的处理（如过滤、消毒）；

——种植前对植物或植物繁殖器官（如种子、鳞茎、扦插材料）的处理；

——清除生长介质（如通过洗根或摇晃植株）。

温度等因素可能影响处理的结果。同样，一些农药可能仅抑制而非根除有害生物种群。可能有必要在实施处理后验证其有效性。处理后，应采取适当措施来避免再污染或再侵染。

(2) 检验、取样与检测　可对生长介质的产地，以及加工或处理程序进行检验、监测或批准，确保符合植物检疫输入要求。

可能需要对种植用植物及相关的生长介质进行检验，以确定是否带有害生物，或确定是否符合植物检疫输入要求（见 ISPM 第 23 号）。然而，生长介质中多数有害生物并不能仅靠检验发现，可能需要检测。

可对与种植用植物相关生长介质要求或实施抽样与检测（见 ISPM 第 20 号、第 31 号）。但抽样与检测可能无法发现某些类型的有害生物，在生长介质污染或侵染水平低时尤其如此。为了验证所要求的措施已经实施，检测可包括对指示生物的检测。

（3）检疫　可要求对种植用植物所携带生长介质进行检疫，以减少有害生物风险。在检疫期间，可采用检测、观察迹象或症状，以及对种植用植物及其所携带生长介质进行处理等办法进行检疫。

三、种植用植物产地生产环节生物安全风险防控技术标准

1. 抗性植物品种与国际种子联盟（ISF）

保障种质资源的安全和种子健康，在种植前最好选择抗性植物品种，可减少用于国际贸易的种子等种植用植物携带有害生物风险。在国际植物检疫措施标准第 38 号《种子的国际运输》中，特别提到了可采用国际种子联盟（International Seed Federation，ISF）推荐的抗性植物品种。

国际种子联盟（ISF）是一个非政府间、非营利国际组织，前身为 1924 年第四届国际种子检验会议成立的国际种子贸易联盟联合会（FIS）和 1938 年成立的国际植物新品种保护育种者协会（ASSINSEL）。ISF 由执行委员会、理事会、终身荣誉会员和分部门理事会组成，秘书处负责日常运行。分部门理事会包括大田作物

部门、蔬菜和园艺部门、青贮作物部门、育种家委员会、贸易和仲裁法规委员会、植物检疫委员会、种子应用技术委员会、可持续农业委员会、知识产权委员会。全球 75 个国家超 7 500 家种子企业、协会已成为 ISF 会员。ISF 致力于在公平和基于科学的法规框架内促进种子的自由流动，同时服务于农民、种植者、行业和消费者的利益；发布种子交易和许可技术规则，以明确和标准化国际层面上买卖双方的合同关系。

种子健康方面，ISF 成员占国际蔬菜种子贸易的 70%～75%，是提供交流信息、分享种子健康测试方面专业知识、促进开发新的种子健康测试方法的平台，ISF 于 1993 年发出国际蔬菜作物种子健康倡议。目前，ISF 制定发布了菜豆、芸薹属、胡萝卜、芹菜、莴苣、辣椒、番茄等 12 种重要蔬菜的 26 种病原检测方法，成为国际公认的参考方法和行业标准。为规范植物病原菌命名和标准化鉴定，ISF 于 2007 年与美国植物病理学会（APS）共同发起“植物病原菌菌株鉴定合作倡议”。为方便植物病原国际统一和交流，ISF 发布了蔬菜作物病原代码（定期更新）和谷物病原代码（已停止更新）。ISF 还发布了限定性有害生物清单（RPLI），旨在通过建立一个关于国际种子贸易的限定性有害生物信息数据库，促进种子贸易与植物检疫要求的协调。

此外，在种子国际贸易方面，ISF 制定了《播种用种子贸易的 ISF 规则和惯例》（ISF Rules and Usages for the Trade in Seeds for Sowing Purposes）、《播种用种子贸易和知识产权管理争端解决程序规则》（Procedure Rules for Dispute Settlement for the Trade in Seeds for Sowing Purposes and for the Management of intellectual Property）等规则，旨在明确和标准化种子国际贸易，解决争端。

2. 检验

检验通常为包装成成品的货物检验，也有生产作物的田间检验。本阶段参考《查验准则》（ISPM 第 23 号，2019）。

（1）种子货物的检验　种子货物的检验主要是直观查验是否有杂草、外来入侵植物种子，限定性有害生物迹象或症状，限定物（如土壤）或污染性有害生物。例如受病害感染的种子一般呈现出褪色或变皱等特征症状。主要是对于限定性有害生物症状不明显或不可靠时，如果要求有害生物不能超过特定的允许量，直观检查后还应该进行实验室检测。

症状检验可以借助自动选种设备，能有效发现昆虫和螨虫。但大多数的种源性有害生物（如细菌、真菌、线虫、类病毒、病毒）不能通过肉眼检验发现，需要进行更专业的检查（如利用双目显微镜）或实验室检测，而且有必要在检验前将种子洗涤、过筛或破碎。

检验包衣、丸粒化或植入胶带、垫子或其他基质上的种子时，需要洗涤种子上的覆盖材料，或者将其破碎，便于查看种子或种子上有害生物的症状。此外，输入国国家植保机构可以要求输出国国家植保机构在种子包衣、丸粒化或植入之前系统性抽样及检测。对于输入时的监测，输入国国家植保机构可以要求输出国国家植保机构提供包衣、丸粒化或处理前的种子样品（数量与该批种子量相称）用于检验和检测。或者采集官方样品并检测未经包衣、丸粒化或处理的种子，并提供检测结果。

（2）田间检验　经过培训的人员可在田间进行种子作物检验。在田间亲本植株上发现的有害生物未必会侵染种子。在收获时对种子进行实验室检测以确定是否感染病害。

3. 检测

（1）《限定性有害生物诊断规程》（ISPM 第 27 号，2006）　本标准为诊断规程内容、目的和用途、公布及其计划确立了框架。诊断规程中提供了与诊断相关的对具体限定有害生物、其分类学状况及检测和鉴定方法的信息。诊断规程列出了对具体限定有害生物进行可靠诊断的最低要求。

该规程为检测有害生物提供详细信息和指导，如关于与有害生物相关的迹象和（或）症状、图表、有害生物生长期、检测商品中有害生物的方法以及从植物中提取、恢复和采集有害生物的方法方面的信息。鉴定有害生物的信息和指导包括形态学方法和形态测定方法、以生物学特性为基础的方法、以有害生物的生物化学和分子特性为基础的方法方面的详细信息。此外，还提供保持记录方面的具体指导。

检测规程适用于以下环节。

——对一个国家内广泛定殖的有害生物进行例行诊断；

——对有害生物状况进行监测；

——为遵照验证计划对材料进行检验；

——对有害生物的潜在入侵进行监测；

——作为官方防治或根除计划的一部分进行监测；

——与植物检疫验证有关的有害生物诊断；

——对输入货物中发现的有害生物进行例行诊断；

——在尚未发生有害生物的地区检测有害生物；

——实验室首次确定有害生物的情况；

——在来自声明没有该种有害生物的一个国家的货物中检测有害生物。

例如在例行诊断中，检验方法的速度和费用比方法的敏感性或特异性更为重要。诊断结果的准确性一定程度上取决于抽样程序。

诊断规程为对限定性有害生物的诊断提供最低要求，可通过一种方法或一组方法来实现。国家植保机构可利用这些标准来确定合适的方法或一组方法。

（2）种子检测　某些细菌、真菌、线虫、类病毒和病毒不能通过对种子货物或生长期间植株的检验来发现，但它们可以通过针对限定性有害生物的诊断规程，进行特定的实验室检测被发现。

分子生物学和血清学诊断方法被认为是发现种子中有害生物的间接方法。即使没有可见的有害生物存在，这些方法也能给出阳性的结果。因此，当用这些方法进行种子检测时，需对结果进行谨慎地解释。可能需要进行基于不同生物学原理的验证检测或补充检测，以确认样品中是否有活力的有害生物存在。国家植保机构应当确保应用国际认可或认证的诊断规程，以避免假阳性或假阴性。

经处理种子的检测：种子处理可能影响检测的灵敏度。大部分种子检测方法用于未经处理的种子。如果是处理过的种子接受检测，该检测方法应该被认证。

处理过种子的检测结果可能会有下列情况。

——处理使有害生物失活，但是检测方法既能发现有活性的有害生物又能发现没有活性的有害生物。某些血清学和分子检测可能属于这种情形，或者当检测是基于有害生物的形态学识别或有害生物结构时，因为即使经过处理其形态结构也可能保留（如线虫、孢子）。在这种情况下，只有应用经验证对处理后种子有效的检测方法，才能确定处理的有效性。

——物理的或化学的处理抑制了检测方法。例如某些细菌的检测方法受杀真菌剂处理的影响。

——处理对检测方法有不利的影响。例如某种方法只检测外部有害生物，那么处理后残留在内部的有害生物就不能被发现。在这种情形下，应当采用能发现内部侵染的其他检测方法。

4. 包装

以下内容适用于包装及运输过程中的各项操作。

——植物材料的包装应能防止限定性有害生物的感染；

——包装材料应确保洁净、无有害生物，并符合进口植检要求；

——用来将植物材料从产地运送出去的运输工具在装货前应经过必要的检查和清洁，运输工具的检疫要求详见 ISPM 第 41 号《使用过的车辆、机械和设备的国际运输》；

——每批货物都应带有标识，便于追溯查询产地。

5. 非疫区

(1)《建立非疫区的要求》(ISPM 第 4 号，1995) 非疫区为经科学证据证明不存在特定有害生物和这一状况得到官方保持的地区。

国家植物保护机构建立和利用非疫区，可以在满足某些时候不需要执行额外植检措施的情况下将非疫区的植物、植物产品和其他管理物品输出到另一个国家（输入国）。因此，一个地区的无有害生物状况可以作为有关有害生物的植物、植物产品和其他管理物品的植检证书的依据。它还是有害生物风险分析的一个组成部分，即从科学上证实一个地区不存在有关有害生物。非疫区是进口国提出采取植检措施理由的一个主要指标。

虽然“非疫区”一词包括各种类型（从整个国家为非疫区到位于某种疫害流行的国家中的小范围非疫区），但主要分为如下几种情况：

——整个国家；

——存在有限疫情范围的一个国家中的非疫区；

——位于一个总的来说为疫情区的一个国家中非疫区。

在上述情况里，非疫区指若干国家的所有地区或部分地区。

建立及维护一个非疫区，需考虑 3 个主要方面：

——确定无疫情的方法；

——保持无疫情状况的植检措施；

——核查无疫情状况的检验。

上述工作将在有害生物风险分析的基础上根据有害生物生物学、非疫区的类型和特点以及植检安全所需要的水平而异。

为实现这些方面的活动而采用的方法有：

——数据收集；

——调查（界定、探查、监测）；

——管理控制；

——检查（审查和评价）；

——文献（报告、工作计划）。

（2）《建立非疫区产地和非疫生产点的要求》（ISPM 第 10 号，1999）　该标准使用“非疫”的概念，以便输出国向输入国保证其植物、植物产品和其他限定物无一种或多种特定有害生物，符合输入国从非疫产地进口时的植物检疫要求。在一产地作为一个独立单位加以管理并能保持无疫状态的情形下，此产地的界定部分可视作非疫生产点。非疫产地或非疫生产点的使用取决于该有害生物的生物学、产地特性、生产者的操作能力以及国家植物保护机构的要求和责任等标准的使用。

国家植物保护机构关于建立和保持非疫产地或非疫生产点作为一项植物检疫措施的要求有：

——确定无疫情的方法；

——保持无疫情的方法；

——核实达到或保持无疫状态；

——产品特征、货物完整性和植物检疫安全。

如有必要，一个非疫产地或非疫生产点还包括建立和保持一个适当的缓冲区。

非疫产地是科学证据表明某种特定有害生物没有发生并且官方能适时在一定时期保持此状况的地区。它在输入国有此要求时为输出国提供了一种手段，确保此产地生产和（或）运出的植物、植物产品或其他限定物的货物无有关的有害生物，因为已经证明在有关时期内该地点没有这种有害生物。无疫状态通过调查和（或）生长季节检查来确定，同时还会采取防止该有害生物进入产地的其他方法来维系非疫状态。

非疫产地的概念不同于非疫区的概念（见 ISPM 第 4 号，1995）。非疫区的目标与非疫产地的目标相同，但实现的方法不同。

非疫区比产地大得多，包括许多产地，可能扩大到包括整个国家或若干国家的部分地区。非疫区有自然屏障或通常很大的缓冲区隔离。非疫产地可位于有关有害生物普遍存在，但通过在其毗邻区建立缓冲区加以隔离的地区内。非疫区通常多年连续不断地加以保持，而非疫产地的状况可能仅保持一个或几个生长季节。非疫区作为一个整体由输出国的国家植物保护机构加以管理。非疫产地由生产者在国家植保机构的监督和负责下单独管理。如果在某一非疫区发现有害生物，整个地区的状况就会不被信任。如果在非疫产地内发现有害生物，则该地点将失去其非疫地位，但其他非疫产地却不受直接影响。位于非疫区内的一个产地可能事实上符合非疫产地的要求。

选择非疫产地或非疫区作为管理方案，将取决于输出国有关有害生物的实际分布情况、有害生物的特性以及行政方面的考虑。这两种方法均提供充分的植物检疫安全：非疫区的主要安全在于对包括许多产地的一个地区共同采用措施；非疫产地的主要安全则来自对其具体和强化采用管理程序、调查及检查。

（3）《建立有害生物低度流行区的要求》（ISPM 第 22 号，2005） 建立一个有害生物低发生率地区是防治有害生物的一种方法，用于使一个地区的有害生物种群保持或减少到低于特定的水平。有害生物低发生率地区可用于促进出口或限制该地区的有害生物风险。确定一个特定的低有害生物水平时，应当考虑到建立一项达到或保持该水平计划的总体执行和经济可行性，以及建立一个有害生物低发生率地区的目标。

有害生物低发生率地区一旦建立，应通过继续实施其建立时使用的措施和必要的文献记录及核实程序予以保持。如果有害生物低发生率地区状况发生变化，应该有相应的应急预案。

《国际植保公约》（1997 年）规定，有害生物低发生率地区系指“主管当局认定特定有害生物发生率低并采取有效的监视、控制或根除措施的一个地区，既可是一个国家的全部或部分，也可是若干国家的全部或部分”（第Ⅱ条）。此外，第Ⅳ条第 2 款 e 项规定，国家植保机构的职责包括保护受威胁地区以及指定、保持和监视非疫区和有害生物低发生率地区。

世贸组织《卫生和植检措施应用协定》第 6 条标题是“适应地区条件，包括非疫区或无疾病地区以及有害生物或疾病低发生率地区”。该条还进一步阐明了成员国关于有害生物低发生率地区的职责。

一个有害生物低发生率地区与一个非疫区之间的主要差异是，只要有害生物发生率低于特定种群水平，在一个有害生物低发生率地区是可以接受的，而在一个非疫区则没有有害生物。当有害生物在一个地区出现，是选择建立一个有害生物低发生率地区还是建立一个非疫区来作为有害生物治理方案，将取决于有害生物的特点、有害生物在该地区的分布、决定这种分布情况的因素、该方案的执行和经济方面的总体可行性、建立一个特定有害生物低发生率地区或非疫区的目标。

（4）《非疫区和有害生物低度流行区的认可》（ISPM 第 29 号，2007） 该标准为非疫区和有害生物低度流行区的双边认可过程提供指导及说明程序。该标准不包括认可程序的具体规定时间。

输出国可建立非疫区和有害生物低度流行区，以便得到、保持和加强市场准入。按照相关国际植检措施标准建立非疫区和有害生物低度流行区，对输出国十分重要。

输入国可将非疫区或有害生物低度流行区视为有效的植物检疫措施。因此，如果按照相关的国际植检措施标准建立这类地区，对这类地区进行及时的认可也符合输入国的利益。关于非疫区和有害生物低度流行区的认可，《国际植保公约》下述条款："国家官方植物保护组织的责任应包括……划定、保持和监视非疫区和有害生物低度流行区"（第Ⅳ.2e 款）；"缔约方在实现本公约的宗旨方面应尽力合作……"（第Ⅷ条）。世界贸易组织关于实施卫生及植物检疫措施的协定第 6 条，（适应地区条件，包括非疫或无病区和有害生物低度流行区）涉及非疫区和有害生物低度流行区认可的问题。

（5） 《某一地区有害生物状况的确定》（ISPM 第 8 号，1998） 国家植物保护机构根据有害生物记录和其他信息来确定某种有害生物是否存在于某一地区。进口国和出口国的国家植物保护机构都需要有害生物信息以便进行有害生物风险分析，制定和遵守植物检疫法规，建立和维护非疫区、有害生物低度流行区、非疫产地和非疫生产点等活动。

该标准目的是为某一地区有害生物状况的确定提供指导，特别是使用 ISPM 第 6 号《监测》中所述的监测和有害生物记录信息时。根据 ISPM 第 17 号《有害生物报告》，有害生物状况是有害生物报告内容的一部分。

国家植物保护机构在开展如下工作时可能会用到有害生物状况信息。

——有害生物风险分析；

——考虑市场准入要求；

——规划国家、区域或国际有害生物监测和管理计划；

——制定和遵守植物检疫法规；

——制定和维护某一地区发生的有害生物名单；

——建立和更新限定性有害生物名单；

——建立和维护非疫区、有害生物低度流行区、非疫产地和非疫生产点；

——交换《国际植保公约》中概述的信息。

第二节 入境时风险及防控标准技术

一、口岸查验

1. 指定口岸

为有效防范外来有害生物随进境植物种质资源传入扩散，保护我国农林生产与生态环境安全，参照国际通行做法，根据《中华人民共和国进出境动植物检疫法》及其实施条例、《进境植物繁殖材料检疫管理办法》等法律、行政法规、规章的规定，2009 年原国家质检总局经与农业、林业部门协商，发布了《关于进口植物种苗指定入境口岸措施的公告》（2009 年第 133 号）。植物检疫行业标准《进境植物种苗口岸考核要求》（SN/T 4329—2015）规定了进境植物种苗口岸的条件和专业技术要求和考核要求，适用于进境植物种苗口岸的建立、考核和调整。主要对人员、植物检疫实验室资质进行界定，同时要求配备检疫处理能力，与隔离检疫圃保持较近的距离等。2022 年 5 月 17 日，海关总署于网站上公布最新的《进境植物种苗指定监管场地名单》，其中涉及指定口岸及监管场地共计 53 处（见附件）。

进口植物种苗指定入境口岸条件和专业技术要求如下。

（1）现场查验人员及场所　人员：口岸检验检疫机构配备有

与日常进口业务量相适应的植检专业人员，至少 3 名。

专业人员应具备植物保护、森林保护等植物检疫相关专业全日制本科以上学历，且有 3 年以上植物检验检疫工作经验。

专业人员熟悉进境种苗检疫法规和相关标准，掌握进境种苗现场检疫操作规程。

场地设施：查验场地固定，光线充足，具有能满足进境种苗现场检查的查验设施和取样设备。应安装电子视频监控系统，可对查验的整个过程进行录像。

具备固定的除害处理场地、处理设施，口岸检验检疫机构配有常用的药剂、器械及其贮藏场所，具有检验检疫机构认可资质的熏蒸队伍。

(2) 植物检疫实验室　指定口岸所在地检验检疫机构，应具备或依托具有一定条件的专业植物检疫实验室。实验室与查验场地距离应不超过 1.5 小时车程。

实验室资质：从事种苗检测的实验室应通过国家认监委（CNAS）认可评审，配备相应的仪器、设备。

具备开展昆虫、真菌、病毒、细菌、线虫、杂草等检测业务的资格，具有对真菌、病毒和细菌等开展分子生物检测的能力，通过认证的有害生物检测鉴定项目可以满足进口植物种苗相应检测鉴定要求。

检测鉴定人员：应配备与承担检测鉴定业务相适应的进境植物种苗实验室检测鉴定人员，至少 5 名。

检测鉴定专业技术人员应具备植物种苗有害生物常规形态学检测鉴定能力，具有 3 年以上植物检疫工作经验，或具有植物检疫相关专业硕士以上学历。

应具有从事真菌、病毒、细菌、线虫等病害的专门检测人员，并掌握运用分子生物学检测方法。

仪器设备：实验室应具有常规形态鉴定所需仪器设备，主要包括生物显微镜、体视显微镜、超净工作台、振荡培养箱、人工气候培养箱、生物安全柜、高压灭菌锅、冰箱、离心机、电子分析天平等；同时还要具备开展分子生物学检测的常规仪器设备，主要包括PCR仪、荧光PCR仪、高速离心机、酶标仪、核酸蛋白仪、核酸浓缩仪、超低温冰箱（-80℃）、凝胶成像系统、电泳仪等。

（3）隔离场圃　口岸附近1.5小时车程内具有通过资质认可的国家、专业或地方隔离检疫圃，具备对进境种苗进行隔离检疫的条件。

2. 查验

（1）《查验准则》（ISPM第23号，2005）　国家植物保护机构有责任“检验国际运输植物和植物产品货物，酌情检验其他限定物，特别是为了防止有害生物的引入和/或扩散。”（《国际植保公约》第Ⅳ条第2款c项）。

货物可能由一种商品、多种商品或多批商品组成。当货物由一种或一批以上商品构成时，可能需要多次单独的直观检查。

检验员应在直观检查有害生物和限定物、检查文件、验明货物、检查完整性的基础上，确定货物是否遵照植物检疫要求。检验的结果应当使检验员能够确定是接受、扣留或拒绝该批货物还是需要进一步评估。国家植物保护机构可以在检验时对货物进行抽样。所采用的抽样方法应当视检验目标而定。

货物检验的目标是，确认有关检疫性有害生物或非检疫性限定有害生物方面是否遵照输入或输出要求。检验也可以用于验证在前一阶段所采取的其他植物检疫措施的效果。

输出检验用于确保该批货物在检验时达到输入国的植物检疫要求。对货物的输出检验直接影响发行该批货物的植物检疫证书。

输入检验用于核实植物检疫输入要求的遵照情况。还可以为检测尚未明确其植物检疫风险的生物而进行的一般性检验。

检验流程：检验的技术要求涉及 3 个不同程序，这些程序应当确保技术上正确，同时考虑到业务的可行性。这些程序如下。

——审查货物的有关文件；

——验证货物及其完整性；

——针对有害生物和其他植物检疫要求（如不带土）进行直观检查。

某些检验工作可能因目的不同而异，如为了输入（输出）或者验证风险管理。

审查货物的有关文件：对输入和输出文件进行审查以确保这些文件完整性、一致性、准确性、有效而没有欺诈（2001 年 ISPM 第 12 号第 1.4 节）。

与输入和（或）输出验证有关的文件样本包括：植物检疫证书/转口植物检疫证书、证明（包括提货单、发货单）、输入许可证、处理文件（证书）、标记（如 2002 年 ISPM 第 15 号所提供的标志）或其他处理指标、原产地证书、实地检验证书（报告）、生产者（包装记录）、验证计划文件（如种马铃薯验证计划、非疫区文件）、检验报告、商务发票、实验室报告。如果输入文件或输出文件有问题，适当时在采取行动之前应向提供这些文件的有关方进行调查。

验证货物及其完整性：验证货物及其完整性是为了确保货物完全同文件中所说明的一样。通过验证货物可以核实植物或植物产品种类或品种是否同收到的或待颁发的植物检疫证书相一致。通过验证货物可以确定货物是否清楚地可以识别以及数量和状况是否同收到的或待颁发的植物检疫证书中所声明的一样。这可能要求对货物进行物理检查以证实货物本身及其完整性，包括检查封口、安全状况和可能同植物检疫相关的货物的其他有关物理方面。

直观检查：直观检查包括检测有害生物以及验证是否符合植物检疫要求。

有害生物：从货物中提取样品以确定是否存在有害生物，有害生物是否超过特定水平。

如果检验目标是检测具体指明的限定有害生物以便符合植物检疫输入要求，那么抽样方法应当符合相应植物检疫要求的有害生物检测概率。

如果检验目标是验证一批货物的一般植物检疫状况，如当未查明具体指明的限定有害生物，或尚未为限定有害生物确定具体有害生物水平，或在植物检疫措施失败的情况下目的是检测有害生物时，那么抽样方法应根据该检验目标而选择。

采用的抽样方法应当以透明的技术和业务标准为基础（见ISPM 第 20 号）。

植物检疫要求需遵照检验可用于验证一些植物检疫要求的遵照情况。如处理、加工程度、无污染（如叶子、土壤）、要求的生长期、品种、颜色、使用年限和成熟程度等，无未经许可的植物、植物产品或其他限定物，货物的包装和运输要求、输入点。

（2）其他标准　《引进马铃薯种质资源检验检疫操作规程》（GB/T 36857—2018）：马铃薯种质资源包括组培苗、微型薯等。马铃薯种质资源的引进是改进我国品种结构、促进产业发展的重要手段。该标准为马铃薯种质资源的引进、生产、保存及检验检疫提供指南，规定了规范性引用文件、术语和定义、检验检疫依据、风险分析、进境许可、进境检验检疫、入境后检疫、隔离检疫监管、结果评定及检疫处理、样品保留归档的内容。适用于科研、保护地及隔离设施生产繁殖用的种质资源，不适用于大田生产的马铃薯种薯或用以消费或加工的马铃薯商品薯。

鉴于引进种质资源涉及的安全风险、品种权风险，国际上已经对马铃薯种质资源提出了明确的要求，有必要在原产地、入境前、口岸和入境后进行风险管理。在原产地要重点核查种质提供者的身份和生产条件；入境前，针对具体的马铃薯组培苗和微型薯贸易申请进行风险分析，明确存在的健康风险，提出限定的有害生物等具体的输入要求和出口植物检疫证书要求；达到口岸进行现场查验，确定品种及货证相符，通过入境后的隔离检疫，最终确保马铃薯组培苗和微型薯符合进口国的输入要求。

《进出境植物种子检疫规程》（SN/T 1809—2006）：该标准规定了进出境植物种子的检疫方法及处理原则。规定了对进出境种子的现场查验、抽样、实验室检验、样品保存。同时，还规定了种子生长期检疫，即进境种子隔离期检疫时的抽查面积。将最小单位包装大于 0. 5 千克的包装作为一般包装，小于 0. 5 千克的包装作为小包装。两种包装不同的抽样份数，以及不同种子常见样品规格见该标准表 3。隔离期采取重点检查和随机抽查的方法进行。检查面积不少于总面积的 5%~20%。

《进境牧草种子检疫规程》（SN/T 4657—2016）：该标准与《进出境植物种子检疫规程》不同的是，增加了进境牧草种子重点关注病害（见该标准表 A. 1）和进境常见牧草种子形态特征（见该标准表 B. 1）。

《进出境西瓜种子检疫规程》（SN/T 4336—2015）：该标准与《进出境植物种子检疫规程》不同的是，对西瓜种子一般包装种子批的数量及最低抽样份数界定不同（见该标准表 1）。

《出入境杂交水稻种子检验检疫规程》（SN/T 2019—2007）：该标准与上述标准不同的是，增加了杂交水稻种子的质量检验，如净度分析、发芽率试验、品种纯度鉴定、水分测定等。

《进出境植物苗木检疫规程》（SN/T 1157—2014）：该标准规定了进出境苗木的检疫程序、方法、检疫结果判定及处理。其中，植物苗木指栽培、野生的可供繁殖的草本或木本植物全株或部分，如植株、苗木、砧木、插条、接穗、芽体、叶片、试管苗等。植物苗木附带还会有栽培介质有害生物风险问题。现场查验部分，规定了查验苗木的主要部分（见该标准表1），并界定了苗木的抽样规则（见该标准表2）。

《进境槭属植物种苗检疫规程》（SN/T 4718—2016）：在《进出境植物苗木检疫规程》基础上，该标准细化进境槭属种苗检疫步骤，并增加了槭属种苗需重点关注的检疫性有害生物（见该标准表A.1）以及限定的非检疫性有害生物名单（见该标准表A.2），并附常见的线虫、病毒病症图片。

《进出境苹果属种苗检疫规程》（SN/T 1585—2005）：该标准主要对进出境苹果树种苗抽样方法（见该标准图1）和携带的有害生物进行界定（见该标准表A.1）。

《进出境植物盆景检疫规程》（SN/T 1158—2011）：该标准规定了进出境植物盆景检疫规程，主要包含现场检疫、抽样、实验室检验等技术要素，并重点对线虫分离检验方法加以说明。其中，现场检验分地上部植株检验、地下部植株和栽培介质检验、样品抽样也涉及植株抽样和栽培介质抽样（见该标准图1）两部分。

《进境植物繁殖材料检疫规程》（SN/T 2476—2010）：该标准规定了进境植物繁殖材料检疫规程的检疫程序。其主要查验对象为包括种子在内的所有植物繁殖材料，因而要求较为简单，但包括的范围较广。例如标准中明确说明，进境植物繁殖材料现场查验应该有植物繁殖材料表面病症，以及栽培介质。该标准是其他衍生标准的基础类型，对政策制定、实际查验有一定的指导意义。

《进境葡萄繁殖材料植物检疫要求》（SN/T 1992—2007）：该标准包括了入境前、口岸查验到入境后隔离检疫系列流程。入境前检疫主要由进口许可、首次产地预检、葡萄繁殖材料来源、田间环境卫生、病害检测、材料处理、包装、流通环节组成。口岸查验与入境后隔离检疫与其他植物繁殖材料要求一致。尤其在入境前产地材料处理环节，明确规定了葡萄不同繁殖材料种子、组培苗、花粉、插条、带根嫁接葡萄苗的处理方式。同时，详细罗列了进境葡萄繁殖材料上限定有害生物及诊断方法（见该标准附录 A）、葡萄繁殖材料上一些病害的主要传播介体（见该标准附录 B）以及嫁接诊断用主要葡萄指示植物（见该标准附录 C）。

《进出境组培苗检疫规程》（SN/T 2586—2010）：该标准大致规定了进出境组培苗的报检要求、现场检疫、实验室检测、样品保管、结果判定及处理等。进境检疫现场查验主要是组培苗包装和铺垫材料是否有虫害、杂草等，组培苗容器是否有破损及病菌感染等症状。抽样方法参照 SN/T 1157。并提供了组培苗病毒检测的酶联免疫、RT-PCR 和实时 RT-PCR 方法。

《进境参展植物检疫规程》（SN/T 3459—2012）：该标准规定了进境参展植物的检疫及监督管理程序，适用于在中国境内举办的专业性展览会上进境参展的植物的检疫及监督管理工作。主要包括检疫审批、展品备案、有害生物风险管理方案、场地考核、监督整改、现场检疫、实验室检疫、样品保存与处理、结果判定、展会现场监督、展后处理等全面的环节。其中，现场检疫分运输工具和包装，以及各类参展植物、栽培介质的检疫，抽样方法依照（SN/T 2122—2008）执行。

《进境观赏鳞球茎检疫操作规程》（SN/T 2119—2008）：该标准规定了进境观赏鳞球茎检疫准备、现场检疫、抽样、实验室检疫、隔离检疫、结果判定、样品保存和归档几个环节。现场检疫主要分鳞球茎检查、栽培介质检查和木质包装检查。现场抽样具体规定了鳞球茎抽样和栽培介质抽样，并提供鳞球茎常用栽培介质种类和名称。

《进出境切花检疫规程》（SN/T 1386—2004）：该标准规定了进出境切花的抽样、检疫方法和结果判定。保护检疫准备、现场检疫、实验室检验、结果判定及处置，并对切花的抽样方法做了具体规定。

《鳞球茎花卉检疫规程》（GB/T 28061—2011）：该标准规定了鳞球茎花卉的风险分析、检疫审批、基地备案、进境要求、报检、现场检疫、实验室检验、隔离检疫、检疫监督管理、检疫结果评定和处理等程序。鳞球茎花卉是指种植用花卉植物的地下休眠体，具体有：鳞茎类，如百合、郁金香、水仙、等；球茎类，如剑兰；块茎类，如美人蕉。现场检疫包括对鳞球茎和栽培介质的检疫，具体规定了抽样方法。

3. 抽样

（1）《货物抽样方法》（ISPM 第 31 号，2008）和《植物检疫抽样技术规则》（SN/T 3462—2012）　对贸易中流通的禁止进境货物进行检验是有害生物风险管理的重要手段，也是世界范围内用于确定是否存在有害生物和（或）是否符合输入植物检疫要求的最常用的植物检疫程序。由于检验不可能涉及所有的货物，所以需要进行货物抽样。该标准为 ISPM 第 20 号（2004 年）和 ISPM 第 23 号（2005 年）提供统计学基础，涉及的抽样概念也可适用于其他植物检疫程序，特别是抽取用于检测的单位样品。对植物、植物产品和其他禁止进境物的抽样可在出口前、进口时或国家植保机构确定的其他环节进行。

我国《植物检疫抽样技术规则》（SN/T 3462—2012）为修改采用《货物抽样方法》（ISPM 第 31 号，2008）的国际标准转化文件。货物抽样的目的如下：

——发现限定有害生物；

——确保货物中限定有害生物或受侵染单位的数量没有超过该有害生物的限定允许水平；

——确定货物的一般植物检疫状况；

——发现植物检疫风险未定的生物；

——尽可能提高检出特定的限定有害生物的概率；

——尽可能用好现有的抽样手段；

——收集信息，例如对途径的监测；

——验证符合植物检疫要求；

——确定受侵染货物的比例。

（2）《进出境植物及植物产品检疫抽样方法》（SN/T 2122—2015） 该标准主要规定了在进境检疫抽样中主要使用的随机采样、选择性采样两种方法在实际货物中的应用。涉及的货物有植物种子、植物种苗和其他繁殖材料、粮谷、油料类、烟草、蔬菜、水果、薯类、干果、原木等、棉麻、植物性饲料、中药材、茶叶、植物性调味品、栽培介质等。与种植用植物相关的取样规范如下。

植物种子：对林木、草籽等高风险种子，总量不超过 10 千克的全部抽样，对于蔬菜、作物等中低风险的按总量的 5%～20%随机抽样，一般包装的，种子最低抽样数量不少于 10 件。

植物种苗及其他繁殖材料：高风险种苗需全部检查，中低风险按其总量的 5%～20%随机抽样。

抽样最低数量：整株植株、砧木、插条类，最低抽样 10 件，且不少于 500 株（枝）；鳞球茎、块根、块茎，最低抽样 10 件且不少于 1 000 粒；接穗、芽体、叶片类，最低抽样 10 件，且不少于 1 500 条（芽）；试管苗类，最低抽样 10 件，且不少于 100 支（瓶）；盆景每批至少抽样 300 盆，批量不足 300 盆的全部检查，批量在 3 000 盆以上的按批量的 10%抽取。

二、实验室检测

1.《限定有害生物诊断规程》（ISPM 第 27 号）与《限定性有害生物检测与鉴定规程的编写规定》（GB/T 23635—2009）

（1）背景　有害生物检测鉴定及其结果是决定是否实施植物检疫措施的前提（见 ISPM 第 4 号，1995 年；ISPM 第 6 号，1997 年；ISPM 第 7 号，1997 年；ISPM 第 9 号，1998 年；ISPM 第 20 号，2004 年）。特别是，各缔约方需要适当诊断程序来确定有害生物状况和有害生物报告（ISPM 第 8 号，1998 年；ISPM 第 17 号，2002 年），以及在输入货物中诊断有害生物（ISPM 第 13 号，2001 年）。

国家植物保护机构应编制限定有害生物诊断规程，以便履行其在《国际植物保护公约》（1997 年）第 IV 条中的职责，特别是关于监测、查验的职责。根据区域协调一致的需要，若干区域植物保护组织制定了大量区域诊断标准，这说明制定国际规程的重要性。因此，CPM 在 2004 年其第六届会议上建议在《国际植物保护公约》范围内制定国际诊断规程，并成立诊断规程专家技术小组。

（2）目的和作用　国际诊断规程的目的是协调在各种情况下的植物检疫措施，加强国家植物保护机构互相承认诊断结果。此外，这些规程还有助发展专业知识和技术合作。诊断规程说明了同国际贸易相关的限定有害生物的检测和鉴定程序及方法。需要采取该诊断规程的情形如下：

——对一个国家内广泛定殖的有害生物进行例行诊断；

——对有害生物状况进行总的监测；

——为遵照验证计划对材料进行检验；

——对有害生物的潜在侵染进行监测；

——作为官方防治或根除计划的一部分进行监测；

——与植物检疫验证有关的有害生物诊断；

——对输入货物中发现的有害生物进行例行诊断；

——在尚未发生有害生物的地区检测有害生物；

——实验室首次确定有害生物的情况；

——在来自声明没有该种有害生物的一个国家的货物中检测有害生物。

(3) 内容　规程说明了对与国际贸易相关的限定有害生物进行官方诊断的程序和方法。这些规程至少提供了对限定有害生物进行可靠诊断的最低要求。《限定性有害生物检测与鉴定规程的编写规定》(GB/ T 23635—2009) 为该国际标准的采用转化文件。截至目前，在该国际标准指导下，有 29 项针对重要检疫性有害生物的诊断规程。

每类生物的诊断规程分以下几个部分：

——有害生物信息，提供有关有害生物的简要信息，包括生命周期、形态学、变异 (形态变异和 (或) 生物变异)、与其他生物体的关系、寄主范围、对寄主的影响、目前和过去地理分布、传播形式 (媒介和途径) 等。

——分类学信息；

——检测；

——鉴定；

——记录；

——进一步提供信息的联络点；

——致谢；

——参考文献。

2.《进出境植物种子种传病原检测操作规程》(SN/T 2367—2009)

该标准规定了植物种子传播的病原真菌、细菌、病毒 (包括类病毒）和线虫等病原微生物的检疫鉴定的程序和一般方法。适用于植物学概念的真种子和作为繁殖材料的果实，不适用于植物营养器官的块根、块茎、鳞球茎、地下或地上茎等农业概念的“种子”。文本对种传病原真菌、细菌、病毒、线虫寄生在种子上的状态分别细化描述，并详细阐述了不同类群现场检疫准备、检测、鉴定和保存过程。非常详细罗列了主要种传病原真菌及检验方法（见该标准附录 A）、主要种传病原细菌及其寄主（见该标准附录 B）、主要种传病毒及其寄主（见该标准附录 C）、主要种传病原线虫及其寄主（见该标准附录 D）、主要试剂及配制方法（见该标准附录 E）、主要培养基及配制方法（见该标准附录 F）、血清学监测方法（见该标准附录 G）、分子生物学检测方法（见该标准附录 H）、致病性测定方法（见该标准附录 I）、指示植物（见该标准附录 J）。

3. 实验室检测鉴定技术标准

（1）国家标准

GB/T 23632—2009　《进境植物检疫截获有害生物鉴定复核规程》

GB/T 40458—2021　《用于病原微生物高通量检测的核酸提取技术规范》

（2）行业标准

SN/T 1848—2006　《植物有害生物鉴定规范》

SN/T 2340—2009　《有害生物图像摄取操作规范》

SN/T 2682—2010　《植物有害生物信息采集要求》

SN/T 2962—2011　《检出危险性有害生物种类确认原则》

SN/T 2965—2011　《植物病原真菌分子生物学检测规范》

SN/T 2968—2011　《植物有害生物远程鉴定技术规范》

SN/T 3296—2012　《植物病原细菌分子生物学检测规范》

SN/T 3461—2012 《植物病原菌标准样品制备要求》

SN/T 3569—2013 《植原体活体菌株保存方法》

SN/T 4328—2015 《植物有害生物标本数字化制作规范》

SN/T 4625—2016 《DNA 条形码筛选与质量要求》

SN/T 4626—2016 《DNA 条形码物种鉴定操作规程》

SN/T 4628—2016 《检疫性有害生物凭证标本确定与管理规范》

SN/T 4629—2016 《检疫性有害生物凭证标本核酸制备、保存与管理规范》

SN/T 4630—2016 《植物病原菌及病害标本采集保存规范》

SN/T 4714—2016 《DNA 条形码数据库技术规范》

4. 实验室、人员资质能力标准

(1) 国家标准

GB/T 23621—2009 《农业植物检疫实验室基础条件》

(2) 行业标准

SN/T 2966—2011 《植物检疫实验室能力验证规范》

SN/T 3451—2012 《植物检疫实验室诊断试剂的质量控制技术要求》

SN/T 3689—2013 《植物检疫性有害生物实验室生物安全操作规范》

SN/T 4168—2015 《植物有害生物鉴定人员资质要求》

SN/T 4863—2017 《植物检疫实验室测量审核规范》

5. 昆虫鉴定标准

(1) 国际标准

第 27 号附件 1（2010） 《棕榈蓟马（*Thrips palmi* Karny）诊断规程》

第 27 号附件 3（2012） 《谷斑皮蠹（*Trogoderma granarium* Everts）诊断规程》

第 27 号附件 9（2015）《实蝇属（*Anastrepha*）》

第 27 号附件 16（2018）《斑潜影属（*Genus Liriomyza*）》

第 27 号附件 20（2017）《中欧山松大小蠹（*Dendroctonus ponderosae*）》

第 27 号附件 26（2018）《*Austropuccinia psidii*》

第 27 号附件 27（2018）《齿小蠹（*Ips* spp.）》

第 27 号附件 28（2018）《李象（*Conotrachelus nenuphar*）》

第 27 号附件 29（2019）《橘小实蝇（*Bactrocera dorsalis*）》

（2）国家标准

GB/T 15802—2011　《棉花叶螨测报技术规范》

GB/T 18084—2000　《植物检疫　地中海实蝇检疫鉴定方法》

GB/T 18087—2000　《植物检疫　谷斑皮蠹检疫鉴定方法》

GB/T 20477—2006　《红火蚁检疫鉴定方法》

GB/T 28065—2011　《地中海实蝇生物芯片检测方法》

GB/T 28069—2011　《根螨检疫鉴定方法》

GB/T 28074—2011　《苹果蠹蛾检疫鉴定方法》

GB/T 28076—2011　《三叶斑潜蝇检疫鉴定方法》

GB/T 28077—2011　《双棘长蠹检疫鉴定方法》

GB/T 28086—2011　《长针线虫属（传毒种类）检疫鉴定方法》

GB/T 28087—2011　《刺茄检疫鉴定方法》

GB/T 28098—2011　《青杨脊虎天牛检疫鉴定方法》

GB/T 28104—2011　《小楹白蚁检疫鉴定方法》

GB/T 28105—2011　《榆蛎蚧检疫鉴定方法》

GB/T 28107—2011　《枣大球蚧检疫鉴定方法》

GB/T 28980—2012　《松异带蛾检疫鉴定方法》

GB/T 28983—2012　《南洋臀纹粉蚧检疫鉴定方法》
GB/T 29395—2012　《鳄梨象检疫鉴定方法》
GB/T 29579—2013　《红棕象甲检疫鉴定方法》
GB/T 29586—2013　《苹果绵蚜检疫鉴定方法》
GB/T 31794—2015　《黑腹尼虎天牛检疫鉴定方法》
GB/T 32717—2016　《番木瓜长尾实蝇检疫鉴定方法》
GB/T 33020—2016　《苹果瘿蚊检疫鉴定方法》
GB/T 33033—2016　《木槿曼粉蚧检疫鉴定方法》
GB/T 33034—2016　《八点楔天牛检疫鉴定方法》
GB/T 33037—2016　《阔鼻谷象检疫鉴定方法》
GB/T 33118—2016　《李叶蜂检疫鉴定方法》
GB/T 33123—2016　《斜纹卷蛾检疫鉴定方法》
GB/T 33125—2016　《荷兰石竹卷蛾检疫鉴定方法》
GB/T 33128—2016　《螺旋粉虱检疫鉴定方法》
GB/T 35334—2017　《柑橘木虱（亚洲种）监测规范》
GB/T 35340—2017　《大洋臀纹粉蚧和柑橘臀纹粉蚧检疫鉴定方法》
GB/T 35341—2017　《合毒蛾检疫鉴定方法》
GB/T 36772—2018　《小条实蝇属检疫鉴定方法》
GB/T 36776—2018　《苹浅褐卷蛾检疫鉴定方法》
GB/T 36777—2018　《材小蠹（非中国种）检疫鉴定方法》
GB/T 36813—2018　《白条天牛（非中国种）检疫鉴定方法》
GB/T 36823—2018　《苜蓿籽蜂检疫鉴定方法》
GB/T 36830—2018　《欧洲榆小蠹检疫鉴定方法》
GB/T 36834—2018　《角胸长蠹检疫鉴定方法》
GB/T 36836—2018　《斑翅康瘿蚊检疫鉴定方法》
GB/T 36837—2018　《咖啡黑长蠹检疫鉴定方法》

GB/T 36842—2018　《马铃薯线角木虱检疫鉴定方法》

GB/T 40445—2021　《枣实蝇检疫鉴定方法》

GB/T 40456—2021　《石蒜弗粉蚧检疫鉴定方法》

GB/T 40624—2021　《黄瓜绢野螟检疫鉴定方法》

GB/T 40751—2021　《花曲柳窄吉丁检疫鉴定方法》

（3）行业标准

LY/T 2355—2014　《双钩异翅长蠹检疫技术规程》

LY/T 2425—2015　《松突圆蚧检疫技术规程》

LY/T 2607—2016　《锈色棕榈象检疫技术规程》

LY/T 2781—2016　《桉树枝瘿姬小蜂检疫技术规程》

LY/T 3075—2018　《锈色粒肩天牛检疫技术规程》

NY/T 1482—2007　《稻水象甲检疫鉴定方法》

NY/T 1483—2007　《苹果蠹蛾检疫检测与鉴定技术规范》

NY/T 1484—2007　《柑橘大实蝇检疫检验与鉴定技术规范》

NY/T 2052—2011　《菜豆象检疫检测与鉴定方法》

NY/T 2053—2011　《蜜柑大实蝇检疫检测与鉴定方法》

NY/T 2418—2013　《四纹豆象检疫检测与鉴定方法》

SN/T 1105—2014　《大家白蚁检疫鉴定方法》

SN/T 1125—2002　《欧洲大榆小蠹检疫鉴定方法》

SN/T 1147—2002　《椰心叶甲检疫鉴定方法》

SN/T 1148—2002　《木薯单爪螨检疫鉴定方法》

SN/T 1149—2002　《椰子缢胸叶甲检疫鉴定方法》

SN/T 1160—2002　《棕榈象甲检疫鉴定方法》

SN/T 1178—2003　《马铃薯甲虫检疫鉴定方法》

SN/T 1257—2003　《大谷蠹的检疫鉴定方法》

SN/T 1274—2003　《菜豆象的检疫鉴定方法》

SN/T 1277—2017　《松突圆蚧检疫鉴定方法》

SN/T 1278—2010 《巴西豆象检疫鉴定方法》

SN/T 1348—2004 《白缘象甲检疫鉴定方法》

SN/T 1349—2004 《山松大小蠹检疫鉴定方法》

SN/T 1355—2004 《可可褐盲蝽检疫鉴定方法》

SN/T 1366—2004 《葡萄根瘤蚜的检疫鉴定方法》

SN/T 1370—2016 《日本金龟子检疫鉴定方法》

SN/T 1374—2015 《美国白蛾检疫鉴定方法》

SN/T 1383—2004 《苹果实蝇检疫鉴定方法》

SN/T 1384—2004 《蜜柑大实蝇鉴定方法》

SN/T 1389—2004 《美洲榆小蠹检疫鉴定方法》

SN/T 1393—2016 《西松大小蠹检疫鉴定方法》

SN/T 1401—2004 《果核芒果象检疫鉴定方法》

SN/T 1401—2011 《芒果象检疫鉴定方法》

SN/T 1402—2004 《果肉芒果象检疫鉴定方法》

SN/T 1438—2004 《稻水象甲检疫鉴定方法》

SN/T 1448—2004 《小蔗螟检疫鉴定方法》

SN/T 1451—2004 《灰豆象检疫鉴定方法》

SN/T 1452—2004 《鹰嘴豆象检疫鉴定方法》

SN/T 1483. 1—2004 《高粱瘿蚊检疫鉴定方法》

SN/T 1483. 2—2004 《黑森瘿蚊检疫鉴定方法》

SN/T 1493—2004 《剑麻象甲检疫鉴定方法》

SN/T 1722—2006 《长林小蠹检疫鉴定方法》

SN/T 1817—2006 《桃实蝇检疫鉴定方法》

SN/T 1821—2006 《双钩异翅长蠹检疫鉴定方法》

SN/T 1845—2006 《加勒比实蝇检疫鉴定方法》

SN/T 1846—2006 《墨西哥实蝇检疫鉴定方法》

SN/T 1854—2017 《家希天牛检疫鉴定方法》

SN/T 1855—2017　《暗条豆象检疫鉴定方法》
SN/T 1912—2007　《咖啡潜叶蛾检疫鉴定方法》
SN/T 1913—2007　《咖啡果小蠹检疫鉴定方法》
SN/T 2013—2007　《暗褐断眼天牛检疫鉴定方法》
SN/T 2030—2007　《按实蝇属鉴定方法》
SN/T 2031—2021　《橘小实蝇检疫鉴定方法》
SN/T 2034—2007　《香蕉灰粉蚧和新菠萝灰粉蚧检疫鉴定方法》
SN/T 2039—2007　《地中海实蝇检疫鉴定方法　PCR 法》
SN/T 2040—2007　《日本松干蚧检疫鉴定方法》
SN/T 2053—2008　《家木小蠹检疫鉴定方法》
SN/T 2054—2008　《蔗扁蛾检疫鉴定方法》
SN/T 2084—2008　《西花蓟马检疫鉴定方法》
SN/T 2346—2009　《家具窃蠹检疫鉴定方法》
SN/T 2377—2009　《四纹豆象检疫鉴定方法》
SN/T 2471—2010　《落叶松种子小蜂与黄连木种子小蜂检疫鉴定方法》
SN/T 2480—2017　《黑松八齿小蠹检疫鉴定方法》
SN/T 2585—2010　《肾斑皮蠹和拟肾斑皮蠹检疫鉴定方法》
SN/T 2588—2010　《刺桐姬小蜂检疫鉴定方法》
SN/T 2599—2010　《红脂大小蠹检疫鉴定方法》
SN/T 2637—2010　《辐射松幽天牛检疫鉴定方法》
SN/T 2656—2010　《楔天牛属检疫鉴定方法》
SN/T 2683—2010　《扁桃仁蜂和李仁蜂检疫鉴定方法》
SN/T 2684—2010　《中美英象检疫鉴定方法》
SN/T 2963—2011　《云杉树蜂检疫鉴定方法》
SN/T 3042—2012　《樱小卷蛾检疫鉴定方法》

SN/T 3075—2012 《香蕉肾盾蚧检疫鉴定方法》
SN/T 3076—2012 《根萤叶甲属检疫鉴定方法》
SN/T 3162—2012 《大洋臀纹粉蚧检疫鉴定方法》
SN/T 3166—2012 《黑头长翅卷蛾检疫鉴定方法》
SN/T 3169—2012 《木蠹象属检疫鉴定方法》
SN/T 3173—2012 《桃白圆盾蚧检疫鉴定方法》
SN/T 3269—2012 《埃及豌豆象检疫鉴定方法》
SN/T 3270—2012 《澳洲蛛甲检疫鉴定方法》
SN/T 3271—2012 《白带长角天牛检疫鉴定方法》
SN/T 3276—2012 《刺角沟额天牛检疫鉴定方法》
SN/T 3280—2012 《谷实夜蛾检疫鉴定方法》
SN/T 3281—2012 《混点毛小蠹检疫鉴定方法》
SN/T 3286—2012 《梨蓟马检疫鉴定方法》
SN/T 3290—2012 《苹果异形小卷蛾检疫鉴定方法》
SN/T 3294—2012 《斜纹卷蛾检疫鉴定方法》
SN/T 3404—2012 《桉象检疫鉴定方法》
SN/T 3406—2012 《海灰翅夜蛾检疫鉴定方法》
SN/T 3407—2012 《几内亚甘蔗象检疫鉴定方法》
SN/T 3408—2012 《梨小卷蛾检疫鉴定方法》
SN/T 3409—2012 《李虎象检疫鉴定方法》
SN/T 3410—2012 《芒果蛎蚧检疫鉴定方法》
SN/T 3411—2012 《玫瑰短喙象检疫鉴定方法》
SN/T 3413—2012 《欧洲散白蚁检疫鉴定方法》
SN/T 3414—2012 《苹虎象检疫鉴定方法》
SN/T 3415—2012 《日本苹虎象检疫鉴定方法》
SN/T 3416—2012 《山楂小卷叶蛾检疫鉴定方法》
SN/T 3417—2012 《松唐盾蚧检疫鉴定方法》

SN/T 3418—2012　《杏小卷蛾检疫鉴定方法》
SN/T 3419—2012　《亚棕象甲检疫鉴定方法》
SN/T 3421—2012　《长小蠹（属）（非中国种）检疫鉴定方法》
SN/T 3554—2013　《葡萄粉蚧检疫鉴定方法》
SN/T 3570—2013　《褐纹甘蔗象检疫鉴定方法》
SN/T 3571—2013　《紫棕象甲检疫鉴定方法》
SN/T 3572—2013　《西瓜船象检疫鉴定方法》
SN/T 3573—2013　《橘实锤腹实蝇检疫鉴定方法》
SN/T 3574—2013　《甜瓜实蝇检疫鉴定方法》
SN/T 3575—2013　《欧洲苹虎象检疫鉴定方法》
SN/T 3663—2013　《阿根廷茎象甲检疫鉴定方法》
SN/T 3664—2013　《桉天牛检疫鉴定方法》
SN/T 3665—2013　《斑皮蠹属检疫鉴定方法》
SN/T 3666—2013　《苍白树皮象检疫鉴定方法》
SN/T 3667—2013　《刺盾蚧检疫鉴定方法》
SN/T 3668—2013　《罗得西亚豆象检疫鉴定方法》
SN/T 3669—2013　《螺旋粉虱检疫鉴定方法》
SN/T 3670—2013　《米尔顿姬小蜂检疫鉴定方法》
SN/T 3671—2013　《葡萄象检疫鉴定方法》
SN/T 3672—2013　《云杉色卷蛾检疫鉴定方法》
SN/T 3673—2013　《蔗根象检疫鉴定方法》
SN/T 3717—2013　《葡萄花翅小卷蛾检疫鉴定方法》
SN/T 3745—2013　《石榴小灰蝶检疫鉴定方法》
SN/T 3758—2013　《百合西圆尾蚜检疫鉴定方法》
SN/T 3760—2013　《黑丝盾蚧检疫鉴定方法》
SN/T 3761—2013　《灰白片盾蚧检疫鉴定方法》

SN/T 3762—2013　《霍氏长盾蚧检疫鉴定方法》

SN/T 3763—2013　《桔花巢蛾检疫鉴定方法》

SN/T 3764—2013　《猕猴桃举肢蛾检疫鉴定方法》

SN/T 3765—2013　《欧非枣实蝇检疫鉴定方法》

SN/T 3893—2014　《松针盾蚧检疫鉴定方法》

SN/T 3966—2014　《入侵果实蝇检疫鉴定方法》

SN/T 4011—2013　《七角星蜡蚧检疫鉴定方法》

SN/T 4012—2013　《无花果蜡蚧检疫鉴定方法》

SN/T 4019—2014　《豆象属检疫鉴定方法》

SN/T 4080—2014　《鳄梨蓟马检疫鉴定方法》

SN/T 4082—2014　《荷兰石竹卷蛾检疫鉴定方法》

SN/T 4172—2015　《辣椒果实蝇检疫鉴定方法》

SN/T 4173—2015　《美西部云杉小蠹检疫鉴定方法》

SN/T 4174—2015　《美云大小蠹检疫鉴定方法》

SN/T 4175—2015　《木薯绵粉蚧检疫鉴定方法》

SN/T 4176—2015　《南瓜实蝇检疫鉴定方法》

SN/T 4177—2015　《杨干象检疫鉴定方法》

SN/T 4340—2015　《褐拟谷盗检疫鉴定方法》

SN/T 4341—2015　《黑颜果实蝇检疫鉴定方法》

SN/T 4407—2015　《美柏肤小蠹检疫鉴定方法》

SN/T 4482—2016　《榕树粉蚧检疫鉴定方法》

SN/T 4553—2016　《南部松齿小蠹检疫鉴定方法》

SN/T 4554—2016　《蔷薇斜条卷叶蛾检疫鉴定方法》

SN/T 4634—2016　《茶黄蓟马检疫鉴定方法》

SN/T 4635—2016　《舞毒蛾检疫鉴定方法》

SN/T 4639—2016　《黄瓜绢野螟检疫鉴定方法》

SN/T 4640—2016　《石榴螟检疫鉴定方法》

SN/T 4641—2016　《星天牛检疫鉴定方法》
SN/T 4724—2016　《红翅大小蠹检疫鉴定方法》
SN/T 4725—2016　《墨西哥斑皮蠹检疫鉴定方法》
SN/T 4726—2016　《苹小卷蛾检疫鉴定方法》
SN/T 4796—2017　《八种果实蝇的检疫鉴定方法》
SN/T 4866—2017　《材小蠹属（非中国种）检疫鉴定方法》
SN/T 4867—2017　《齿小蠹属（非中国种）检疫鉴定方法》
SN/T 4868—2017　《斑翅果蝇检疫鉴定方法》
SN/T 4870—2017　《橘硬蓟马检疫鉴定方法》
SN/T 4871—2017　《芒果白轮蚧检疫鉴定方法》
SN/T 4872—2017　《苹果花象检疫鉴定方法》
SN/T 4876. 1—2017　《DNA 条形码方法　第 1 部分：检疫性乳白蚁》
SN/T 4876. 3—2017　《DNA 条形码方法　检疫性卷蛾》
SN/T 4876. 6—2019　《DNA 条形码方法　第 6 部分：瘤背豆象属》
SN/T 4995—2017　《李比利氏灰粉蚧检疫鉴定方法》
SN/T 4996—2017　《南非石竹卷蛾检疫鉴定方法》
SN/T 4997—2017　《鳄梨织蛾检疫鉴定方法》
SN/T 5002—2017　《弧棘小蠹检疫鉴定方法》
SN/T 5003—2017　《苹叶蜂检疫鉴定方法》
SN/T 5004—2017　《酸豆黑脉斑螟检疫鉴定方法》
SN/T 5005—2017　《墨天牛（非中国种）检疫鉴定方法》
SN/T 5006—2017　《白条天牛属（非中国种）检疫鉴定方法》
SN/T 5007—2017　《乳白蚁（非中国种）检疫鉴定方法》
SN/T 5008—2017　《双棘长蠹（非中国种）检疫鉴定方法》
SN/T 5009—2017　《异胫长小蠹（非中国种）检疫鉴定方法》

SN/T 5133—2019 《枣大球蚧及近似种 DNA 条形码鉴定方法》
SN/T 5373—2021 《大灰蛞蝓检疫鉴定方法》
SN/T 5374—2021 《菲律宾粉蚧检疫鉴定方法》
SN/T 5375—2021 《谷拟叩甲检疫鉴定方法》
SN/T 5376—2021 《杰克贝尔氏粉蚧检疫鉴定方法》
SN/T 5377—2021 《仙人掌粉蚧检疫鉴定方法》
SN/T 5379—2021 《墨西哥假齿小蠹检疫鉴定方法》
SN/T1403—2004 《印度果核芒果象检疫鉴定方法》

6. 真菌鉴定标准

(1) 国际标准

第 27 号附件 4（2014） 《小麦印度腥黑穗病菌（*Tilletia indica* Mitra）诊断规程》
第 27 号附件 5（2014） 《水果叶点霉菌（*Phyllosticta citricarpa* Kiely.)》
第 27 号附件 22（2017） 《松树脂溃疡病菌（*Fusarium circinatum*)》
第 27 号附件 23（2017） 《栎树猝死病菌（*Phytophthora ramorum*)》

(2) 国家标准

GB/T 18085—2000 《植物检疫　小麦矮化腥黑穗病菌检疫鉴定方法》
GB/T 18086—2000 《植物检疫　烟霜霉病菌检疫鉴定方法》
GB/T 28070—2011 《黑麦草腥黑粉菌检疫鉴定方法》
GB/T 28072—2011 《梨黑斑病菌检疫鉴定方法》
GB/T 28079—2011 《水稻稻粒黑粉病菌检疫鉴定方法》
GB/T 28080—2011 《小麦印度腥黑穗病菌检疫鉴定方法》

GB/T 28082—2011 《榆枯萎病菌检疫鉴定方法》
GB/T 28083—2011 《栎枯萎病菌检疫鉴定方法》
GB/T 28084—2011 《棉花黄萎病菌检疫检测与鉴定》
GB/T 28089—2011 《葱类黑粉病菌检疫鉴定方法》
GB/T 28092—2011 《落叶松枯梢病菌检疫鉴定方法》
GB/T 28093—2011 《马铃薯银屑病菌检疫鉴定方法》
GB/T 28095—2011 《木层孔褐根腐病菌检疫鉴定方法》
GB/T 28097—2011 《苹果黑星病菌检疫鉴定方法》
GB/T 28979—2012 《欧芹壳针孢检疫鉴定方法》
GB/T 29397—2012 《香蕉枯萎病菌 4 号小种检疫检测与鉴定》
GB/T 29584—2013 《黄瓜黑星病菌检疫鉴定方法》
GB/T 29587—2013 《松疱锈病菌检疫鉴定方法》
GB/T 29588—2013 《松针褐斑病菌检疫鉴定方法》
GB/T 29589—2013 《香菜腐烂病菌检疫鉴定方法》
GB/T 31788—2015 《松球果锈病菌检疫鉴定方法》
GB/T 31789—2015 《冬生疫霉菌检疫鉴定方法》
GB/T 31792—2015 《向日葵茎溃疡病菌检疫鉴定方法》
GB/T 31793—2015 《油菜茎基溃疡病菌检疫鉴定方法》
GB/T 31796—2015 《南美大豆猝死综合征病菌和北美大豆猝死综合征病菌检疫鉴定方法》
GB/T 31798—2015 《油菜黑胫病菌检疫鉴定方法》
GB/T 31801—2015 《丁香疫霉菌检疫鉴定方法》
GB/T 31807—2015 《棉花根腐病菌检疫鉴定方法》
GB/T 31808—2015 《向日葵白锈病菌检疫鉴定方法》
GB/T 31809—2015 《油棕猝倒病菌检疫鉴定方法》
GB/T 33117—2016 《小麦基腐病菌检疫鉴定方法》

GB/T 33119—2016 《葡萄藤猝倒病菌检疫鉴定方法》

GB/T 33121—2016 《玉米褐条霜霉病菌检疫鉴定方法》

GB/T 33124—2016 《杨树叶锈病菌检疫鉴定方法》

GB/T 35329—2017 《苜蓿疫霉根腐病菌检疫鉴定方法》

GB/T 35331—2017 《番茄亚隔孢壳茎腐病菌检疫鉴定方法》

GB/T 35338—2017 《大豆茎褐腐病菌检疫鉴定方法》

GB/T 36775—2018 《柑橘斑点病菌检疫鉴定方法》

GB/T 36779—2018 《芹菜枯萎病菌检疫鉴定方法》

GB/T 36801—2018 《榅桲锈病菌检疫鉴定方法》

GB/T 36809—2018 《可可丛枝病菌检疫鉴定方法》

GB/T 36810—2018 《草莓枯萎病菌检疫鉴定方法》

GB/T 36815—2018 《蓝莓果腐病菌检疫鉴定方法》

GB/T 36818—2018 《冷杉枯梢病菌检疫鉴定方法》

GB/T 36821—2018 《花生黑腐病菌检疫鉴定方法》

GB/T 36824—2018 《松针红斑病菌检疫鉴定方法》

GB/T 36831—2018 《松纺锤瘤锈病菌检疫鉴定方法》

GB/T 40140—2021 《葡萄轴枯病菌检疫鉴定方法》

GB/T 40192—2021 《刺盘孢属实时荧光 PCR 检疫鉴定方法》

GB/T 40252—2021 《美澳型核果褐腐病菌活性检测方法》

GB/T 40254—2021 《轮枝菌属实时荧光 PCR 检疫鉴定方法》

GB/T 40448—2021 《麦角检疫鉴定方法》

GB/T 40453—2021 《柑橘黑斑病菌检疫鉴定方法》

GB/T 40457—2021 《咖啡浆果炭疽病菌检疫鉴定方法》

GB/T 40472—2021 《柱锈菌科实时荧光 PCR 检疫鉴定方法》

GB/T 40627—2021 《油菜茎基溃疡病菌活性检测方法》

(3) 行业标准

LY/T 2215—2013 《落叶松枯梢病检疫技术规程》

LY/T 2780—2016　《松疱锈病检疫技术规程》
NY/T 1281—2007　《花卉植物真菌病害检测规程》
NY/T 2114—2012　《大豆疫霉病菌检疫检测鉴定技术》
NY/T 2289—2012　《小麦矮腥黑穗病菌检疫检测与鉴定方法》
SN/T 1106—2002　《橡胶南美叶疫病菌检疫鉴定方法》
SN/T 1127—2002　《小麦印度腥黑穗病菌检疫鉴定方法》
SN/T 1135. 11—2013　《马铃薯皮斑病菌检疫鉴定方法》
SN/T 1135. 4—2006　《马铃薯黑粉病菌检疫鉴定方法》
SN/T 1135. 6—2008　《马铃薯绯腐病菌检疫鉴定方法》
SN/T 1135. 8—2017　《马铃薯坏疽病菌检疫鉴定方法》
SN/T 1145—2014　《苜蓿黄萎病菌检疫鉴定方法》
SN/T 1155—2002　《玉米霜霉病菌检疫鉴定方法》
SN/T 1271—2003　《栎枯萎病菌检疫鉴定方法》
SN/T 1272—2003　《榆枯萎病菌检疫鉴定方法》
SN/T 1356—2004　《棉花根腐病菌检疫鉴定方法》
SN/T 1450—2004　《咖啡美洲叶斑病菌鉴定方法》
SN/T 1820—2006　《隐地疫霉菌检疫鉴定方法》
SN/T 1822—2006　《香蕉黑条叶斑病菌检疫鉴定方法》
SN/T 1871—2007　《美澳型核果褐腐病菌检疫鉴定方法》
SN/T 1899—2007　《大豆茎溃疡病菌检疫鉴定方法》
SN/T 1900—2007　《玉米晚枯病菌检疫鉴定方法》
SN/T 2035—2007　《甜菜霜霉病菌检疫鉴定方法》
SN/T 2080—2008　《栎树猝死病菌检疫鉴定方法》
SN/T 2126—2008　《黑麦草腥黑粉菌检疫鉴定方法》
SN/T 2341—2009　《松疱锈病菌检疫鉴定方法》
SN/T 2345—2009　《松树脂溃疡病菌检疫鉴定方法》
SN/T 2464—2010　《洋葱条黑粉病菌检疫鉴定方法》

SN/T 2473—2010 《芦笋枯萎病菌检疫鉴定方法》

SN/T 2474—2010 《大豆疫霉病菌实时荧光 PCR 检测方法》

SN/T 2605—2010 《油棕猝倒病菌检疫鉴定方法》

SN/T 2614—2010 《葡萄苦腐病菌检疫鉴定方法》

SN/T 2615—2010 《苹果边腐病菌检疫鉴定方法》

SN/T 2617—2010 《冬生疫霉病菌检疫鉴定方法》

SN/T 2618—2010 《桉树溃疡病菌检疫鉴定方法》

SN/T 2665—2010 《香蕉枯萎病菌检疫鉴定方法》

SN/T 2729—2010 《马铃薯炭疽病菌检疫鉴定方法》

SN/T 2756—2011 《丁香疫霉菌检疫鉴定方法》

SN/T 2758—2011 《美国圆柏苹果锈病菌检疫鉴定方法》

SN/T 2759—2011 《栗黑水疫霉病菌检疫鉴定方法》

SN/T 2852—2011 《大蒜黑腐病菌检疫鉴定方法》

SN/T 3069—2011 《苹果和梨果实球壳孢腐烂病菌检疫鉴定方法》

SN/T 3165—2012 《高粱根腐病菌检疫鉴定方法》

SN/T 3172—2012 《松生枝干溃疡病菌检疫鉴定方法》

SN/T 3174—2012 《向日葵黑茎病菌检疫鉴定方法》

SN/T 3177—2012 《针叶松黑根病菌检疫鉴定方法》

SN/T 3178—2012 《榛子东部枯萎病菌检疫鉴定方法》

SN/T 3284—2012 《可可花瘿病菌检疫鉴定方法》

SN/T 3288—2012 《柠檬干枯病菌检疫鉴定方法》

SN/T 3289—2012 《苹果果腐病菌检疫鉴定方法》

SN/T 3292—2012 《嗜松枝干溃疡病菌检疫鉴定方法》

SN/T 3399—2012 《大豆茎溃疡病菌检疫鉴定方法 Taq Man MGB 探针实时荧光 PCR 检测方法》

SN/T 3403—2012 《菜豆疫霉检疫鉴定方法》

SN/T 3422—2012　《北美松疱锈病菌检疫鉴定方法》
SN/T 3423—2012　《黄瓜黑色根腐病菌检疫鉴定方法》
SN/T 3425—2012　《菊花花枯病菌检疫鉴定方法》
SN/T 3426—2012　《美洲山楂锈病菌检疫鉴定方法》
SN/T 3427—2012　《山茶花腐病菌检疫鉴定方法》
SN/T 3428—2012　《松纺锤瘤锈病菌检疫鉴定方法》
SN/T 3429—2012　《天竺葵锈病菌检疫鉴定方法》
SN/T 3430—2012　《铁杉叶锈病菌检疫鉴定方法》
SN/T 3432—2012　《向日葵茎溃疡病菌检疫鉴定方法》
SN/T 3433—2012　《橡胶白根病菌检疫鉴定方法》
SN/T 3434—2012　《杨树炭团溃疡病菌检疫鉴定方法》
SN/T 3435—2012　《油棕枯萎病菌检疫鉴定方法》
SN/T 3578—2013　《大豆猝死综合征北美种活性检测方法》
SN/T 3579—2013　《大豆疫霉病菌活性检测方法》
SN/T 3580—2013　《四种大豆危险性真菌多重实时荧光 PCR 检测方法》
SN/T 3581—2013　《美澳型核果褐腐病菌实时荧光 PCR 检测方法》
SN/T 3675—2013　《草莓花枯病菌检疫鉴定方法》
SN/T 3676—2013　《甘蔗凋萎病菌检疫鉴定方法》
SN/T 3677—2013　《甘蔗壳多胞叶枯病菌检疫鉴定方法》
SN/T 3678—2013　《碱茅腥黑粉菌检疫鉴定方法》
SN/T 3679—2013　《咖啡浆果炭疽病菌检疫鉴定方法》
SN/T 3680—2013　《可可链疫孢荚腐病菌检疫鉴定方法》
SN/T 3682—2013　《葡萄茎枯病菌检疫鉴定方法》
SN/T 3683—2013　《松针褐枯病菌检疫鉴定方法》
SN/T 3684—2013　《香菜茎瘿病菌检疫鉴定方法》

SN/T 3685—2013　《油菜茎基溃疡病菌检疫鉴定方法》
SN/T 3746—2013　《百合枯萎病菌检疫鉴定方法》
SN/T 3747—2013　《杜鹃花枯萎病菌检疫鉴定方法》
SN/T 3748—2013　《柑橘枝瘤病菌检疫鉴定方法》
SN/T 3749—2013　《麦类条斑病菌检疫鉴定方法》
SN/T 3750—2013　《苹果壳色单隔孢溃疡病菌检疫鉴定方法》
SN/T 3751—2013　《苹果树炭疽病菌检疫鉴定方法》
SN/T 3752—2013　《苹果星裂孢果腐病菌检疫鉴定方法》
SN/T 3753—2013　《葡萄角斑叶焦病菌检疫鉴定方法》
SN/T 3754—2013　《松干基褐腐病菌检疫鉴定方法》
SN/T 3755—2013　《豌豆脚腐病菌检疫鉴定方法》
SN/T 3757—2013　《紫羊茅腥黑粉菌检疫鉴定方法》
SN/T 3892—2014　《麦类壳多胞斑点病菌检疫鉴定方法》
SN/T 4074—2014　《燕麦全蚀病菌检疫鉴定方法》
SN/T 4181—2015　《甜菜叶斑病菌检疫鉴定方法》
SN/T 4337—2015　《番茄灰斑病菌检疫鉴定方法》
SN/T 4647—2016　《草莓疫霉红心病菌检疫鉴定方法》
SN/T 4648—2016　《柑橘斑点病菌检疫鉴定方法》
SN/T 4649—2016　《瓜蔓枯病菌检疫鉴定方法》
SN/T 4650—2016　《瓜炭疽病菌检疫鉴定方法》
SN/T 4729—2016　《杜鹃芽枯病菌检疫鉴定方法》
SN/T 4731—2016　《冷杉枯梢病菌检疫鉴定方法》
SN/T 4733—2016　《小麦叶疫病菌检疫鉴定方法》
SN/T 4734—2016　《雪松疫霉根腐病菌检疫鉴定方法》
SN/T 4865—2017　《大豆拟茎点种腐病菌检疫鉴定方法》
SN/T 4877.15—2019　《基因条形码筛查方法　第 15 部分：检疫性叶点霉》

SN/T 5129—2019　《苹果属上冬生疫霉菌、丁香疫霉菌和栗黑水疫霉菌的多重 PCR 筛查方法》

SN/T 5138—2019　《棉花黄萎病菌检疫鉴定方法》

SN/T 5389—2021　《香蕉黄条叶斑病菌检疫鉴定方法》

SN/T 5391—2021　《苹果溃疡病菌检疫鉴定方法》

SN/T 5392—2021　《苹果牛眼果腐病菌检疫鉴定方法》

SN/T1131—2002　《大豆疫霉病菌检疫鉴定方法》

（4）地方标准

DB21/T 2395—2015　《稻瘟病菌无毒基因检测　PCR 法》

7. 细菌及植原体鉴定标准

（1）国际标准

第 27 号附件 6（2014）《柑橘溃疡病菌（*Xanthomonas citri* subsp. *Citri*）》

第 27 号附件 13（2016）《梨火疫病菌（*Erwinia amylovora*）》

第 27 号附件 14（2018）《草莓角斑病菌（*Xanthomonas fragariae*）》

第 27 号附件 21（2017）《马铃薯斑纹片病菌（*Candidatus Liberibacter solanacearum*）》

第 27 号附件 25（2017）《木质部难养菌（*Xylella fastidiosa*）》

第 27 号附件 12（2016）《植原体（Phytoplasma）》

（2）国家标准

GB/T 36843—2018　《梨衰退植原体检疫鉴定方法》

GB/T 36845—2018　《柑橘顽固病螺原体检疫鉴定方法》

GB/T 40141—2021　《榆韧皮部坏死植原体检疫鉴定方法》

GB/T 28062—2011　《柑橘黄龙病菌实时荧光 PCR 检测方法》

GB/T 28066—2011　《丁香假单胞杆菌豌豆致病型检疫鉴定方法》

GB/T 28068—2011 《柑橘溃疡病菌实时荧光 PCR 检测方法》
GB/T 28075—2011 《萨氏假单胞杆菌菜豆生致病型检疫鉴定方法》
GB/T 28078—2011 《水稻白叶枯病菌、水稻细菌性条斑病菌检疫鉴定方法》
GB/T 28094—2011 《芒果细菌性黑斑病菌检疫鉴定方法》
GB/T 28096—2011 《木薯细菌性萎蔫病菌检疫鉴定方法》
GB/T 28099—2011 《水稻细菌性条斑病菌的检疫鉴定方法》
GB/T 28100—2011 《香石竹细菌性萎蔫病菌检疫鉴定方法》
GB/T 28106—2011 《郁金香黄色疱斑病菌检疫鉴定方法》
GB/T 28978—2012 《马铃薯环腐病菌检疫鉴定方法》
GB/T 29393—2012 《柑橘黄龙病菌的检疫检测与鉴定》
GB/T 29394—2012 《柑橘溃疡病菌的检疫检测与鉴定》
GB/T 29396—2012 《水稻细菌性谷枯病菌检疫鉴定方法》
GB/T 29429—2012 《草莓角斑病菌检疫鉴定方法》
GB/T 29431—2012 《番茄溃疡病菌检疫鉴定方法》
GB/T 29578—2013 《甘蔗白色条纹病菌的检疫鉴定方法》
GB/T 29581—2013 《胡椒叶斑病菌检疫鉴定方法》
GB/T 33019—2016 《桃树细菌性溃疡病菌检疫鉴定方法》
GB/T 36807—2018 《杨树（细菌性）枯萎病菌检疫鉴定方法》
GB/T 36808—2018 《木薯细菌性叶斑病菌检疫鉴定方法》
GB/T 36822—2018 《瓜类果斑病菌检疫鉴定方法》
GB/T 36829—2018 《甘蔗宿根矮化病菌实时荧光 PCR 检测方法》
GB/T 36840—2018 《玉米内州萎蔫病菌检疫鉴定方法》
GB/T 36844—2018 《十字花科细菌性黑斑病菌检疫鉴定

方法》

GB/T 36847—2018 《兰花褐斑病菌检疫鉴定方法》

GB/T 36851—2018 《辣椒细菌性斑点病菌检疫鉴定方法》

GB/T 36852—2018 《亚洲梨火疫病菌检疫鉴定方法》

GB/T 36853—2018 《黄瓜细菌性角斑病菌检疫鉴定方法》

GB/T 40135—2021 《葡萄细菌性疫病菌检疫鉴定方法》

GB/T 40447—2021 《鸭茅蜜穗病菌检疫鉴定方法》

GB/T 40626—2021 《杨树细菌性溃疡病菌检疫鉴定方法》

（3）行业标准

NY/T 2286—2012 《番茄溃疡病菌检疫检测与鉴定方法》

NY/T 2287—2012 《水稻细菌性条斑病菌检疫检测与鉴定方法》

SN/T 1135.5—2007 《马铃薯环腐病菌检疫鉴定方法》

SN/T 1135.9—2010 《马铃薯青枯病菌检疫鉴定方法》

SN/T 1375—2004 《玉米细菌性枯萎病菌检疫鉴定方法》

SN/T 1390—2016 《香蕉细菌性枯萎病菌检疫鉴定方法》

SN/T 1400—2004 《甘蔗流胶病菌检疫鉴定方法》

SN/T 1465—2004 《瓜类果斑病菌检疫鉴定方法》

SN/T 1586.1—2005 《菜豆细菌性萎蔫病菌检测方法》

SN/T 1586.2—2008 《菜豆晕疫病菌检疫鉴定方法》

SN/T 1813—2006 《蝴蝶兰细菌性软腐病菌检疫鉴定方法》

SN/T 2372—2009 《水稻白叶枯病菌、水稻细菌性条斑病菌检疫鉴定方法》

SN/T 2568—2010 《番茄细菌性溃疡病菌检疫鉴定方法》

SN/T 2596—2010 《番茄细菌性叶斑病菌检疫鉴定方法》

SN/T 2602—2010 《根癌土壤杆菌检疫鉴定方法》

SN/T 2622—2010 《柑橘溃疡病菌检疫鉴定方法》

SN/T 2666—2010　《苜蓿细菌性萎蔫病菌检疫鉴定方法》
SN/T 2736—2010　《核果树溃疡病菌检疫鉴定方法》
SN/T 3065—2011　《水稻细菌性谷枯病检疫鉴定方法》
SN/T 3088—2012　《非洲柑橘黄龙病菌检疫鉴定方法》
SN/T 3170—2012　《葡萄皮尔斯病菌检疫鉴定方法》
SN/T 3278—2012　《风信子黄腐病菌检疫鉴定方法》
SN/T 3431—2012　《香蕉坏死条纹病菌检疫鉴定方法》
SN/T 3681—2013　《魔芋细菌性叶斑病菌检疫鉴定方法》
SN/T 3756—2013　《玉米细菌性枯萎病菌检疫鉴定方法 PCR 方法》
SN/T 3965—2014　《桃色欧文氏菌检疫鉴定方法》
SN/T 4073—2014　《芒果细菌性黑斑病菌快速检测方法》
SN/T 4075—2014　《水稻细菌性条斑病菌、柑桔溃疡病菌、甘蓝黑腐病菌的基因芯片筛查方法》
SN/T 4730—2016　《菊基腐病菌检疫鉴定方法》
SN/T 4877. 1—2017　《基因条形码筛查方法　第 1 部分：检疫性棒形杆菌》
SN/T 4877. 2—2017　《基因条形码筛查方法　第 2 部分：检疫性黄单胞菌》
SN/T 5139—2019　《马铃薯斑纹片病菌检疫鉴定方法》
SN/T1390—2004　《香蕉细菌性枯萎病菌 2 号小种检疫鉴定方法》
SN/T 1579—2005　《椰子致死黄化植原体检疫鉴定方法》
SN/T 2398—2010　《苹果丛生植原体检疫鉴定方法》
SN/T 2482—2010　《马铃薯丛枝植原体检疫鉴定方法》
SN/T 3446—2012　《澳大利亚植原体候选种检疫鉴定方法》
SN/T 3447—2012　《草莓簇生植原体检疫鉴定方法》

SN/T 3448—2012　《桃树黄化植原体检疫鉴定方法》

SN/T 3449—2012　《昆虫介体中植原体检疫鉴定方法》

SN/T 3686—2013　《白蜡树黄化植原体检疫鉴定方法》

SN/T 3687—2013　《桃 X 病植原体检疫鉴定方法》

SN/T 3711—2013　《桤树黄化植原体检疫鉴定方法》

SN/T 4072—2014　《梨衰退植原体检疫鉴定方法》

SN/T 4344—2015　《杏褪绿卷叶植原体检疫鉴定方法》

SN/T 4874—2017　《葡萄金黄化植原体检疫鉴定方法》

SN/T 4875—2017　《来檬丛枝植原体检疫鉴定方法》

SN/T 4877.3—2017　《基因条形码筛查方法　第 3 部分：检疫性植原体》

（4）地方标准

DB37/T 3987—2020　《兰花细菌性褐腐病菌检疫鉴定方法》

8. 病毒及类病毒鉴定标准

（1）国际标准

第 27 号附件 2（2012）　《李痘病毒（Plum pox virus）诊断规程》

第 27 号附件 7（2015）　《马铃薯纺锤形块茎类病毒（Potato spindle tuber viroid)》

第 27 号附件 15（2019）　《柑橘衰退病毒（Citrus tristeza virus)》

第 27 号附件 24（2017）　《番茄斑萎病毒，凤仙花坏死斑病毒和西瓜银斑病毒（Tomato spotted wilt virus, Impatiens necrotic spot virus and Watermelon silver mottle virus)》

（2）国家标准

GB/T 28063—2011　《菜豆荚斑驳病毒检疫鉴定方法》

GB/T 28064—2011 《蚕豆染色病毒检疫鉴定方法》
GB/T 28067—2011 《甘蔗黄叶病毒实时荧光 RT-PCR 检测方法》
GB/T 28071—2011 《黄瓜绿斑驳花叶病毒检疫鉴定方法》
GB/T 28073—2011 《南芥菜花叶病毒检疫鉴定方法》
GB/T 28081—2011 《烟草环斑病毒检疫鉴定方法》
GB/T 28103—2011 《小麦线条花叶病毒检疫鉴定方法》
GB/T 28973—2012 《番茄环斑病毒检疫鉴定方法　纳米颗粒增敏胶体金免疫层析法》
GB/T 28974—2012 《马铃薯 A 病毒检疫鉴定方法　纳米颗粒增敏胶体金免疫层析法》
GB/T 28975—2012 《莴苣花叶病毒检疫鉴定方法　纳米颗粒增敏胶体金免疫层析法》
GB/T 28976—2012 《草莓潜隐环斑病毒检疫鉴定方法》
GB/T 28981—2012 《齿兰环斑病毒检疫鉴定方法》
GB/T 28982—2012 《番茄斑萎病毒 PCR 检测方法》
GB/T 28984—2012 《香蕉苞片花叶病毒检疫鉴定方法》
GB/T 29582—2013 《花生矮化病毒检疫鉴定方法》
GB/T 31787—2015 《香石竹环斑病毒分子生物学检测方法》
GB/T 31790—2015 《马铃薯纺锤块茎类病毒检疫鉴定方法》
GB/T 31791—2015 《棉花曲叶病毒检疫鉴定方法》
GB/T 31795—2015 《番茄黑环病毒检疫鉴定方法》
GB/T 31797—2015 《啤酒花潜隐类病毒检疫鉴定方法》
GB/T 31800—2015 《李痘病毒检疫鉴定方法》
GB/T 31802—2015 《番茄斑萎病毒检疫鉴定方法》
GB/T 31803—2015 《棉花皱叶病毒检疫鉴定方法》
GB/T 31804—2015 《苹果锈果类病毒检疫鉴定方法》

GB/T 31805—2015　《豇豆重花叶病毒检疫鉴定方法》
GB/T 31806—2015　《马铃薯 V 病毒检疫鉴定方法》
GB/T 31810—2015　《玉米褪绿斑驳病毒检疫鉴定方法》
GB/T 33035—2016　《水仙黄条病毒检疫鉴定方法》
GB/T 33114—2016　《李属坏死环斑病毒检疫鉴定方法》
GB/T 33115—2016　《水仙迟季黄化病毒检疫鉴定方法》
GB/T 33120—2016　《梨疱状溃疡类病毒检疫鉴定方法》
GB/T 33127—2016　《甘蔗线条病毒检疫鉴定方法》
GB/T 35271—2017　《玉米褪绿矮缩病毒检疫鉴定方法》
GB/T 35330—2017　《玉簪属植物 X 病毒检疫鉴定方法》
GB/T 35332—2017　《葡萄 A 病毒检疫鉴定方法》
GB/T 35336—2017　《苹果皱果类病毒检疫鉴定方法》
GB/T 35337—2017　《葡萄黄点类病毒检疫鉴定方法》
GB/T 36752—2018　《藜草花叶病毒检疫鉴定方法》
GB/T 36770—2018　《澳洲葡萄类病毒检疫鉴定方法》
GB/T 36771—2018　《番茄花叶病毒检疫鉴定方法》
GB/T 36778—2018　《燕麦花叶病毒检疫鉴定方法》
GB/T 36780—2018　《辣椒轻斑驳病毒检疫鉴定方法》
GB/T 36781—2018　《瓜类种传病毒检疫鉴定方法》
GB/T 36806—2018　《甘蔗杆状病毒实时荧光 PCR 检测方法》
GB/T 36812—2018　《马铃薯黄矮病毒分子生物学检测方法》
GB/T 36816—2018　《马铃薯 Y 病毒检疫鉴定方法》
GB/T 36820—2018　《甘蔗条纹花叶病毒实时荧光反转录聚合酶链式反应（RT-PCR）检测方法》
GB/T 36833—2018　《马铃薯 X 病毒检疫鉴定方法》
GB/T 36841—2018　《桃丛簇花叶病毒检疫鉴定方法》
GB/T 36846—2018　《马铃薯 M 病毒检疫鉴定方法》

GB/T 36848—2018 《鳄梨日斑类病毒检疫鉴定方法》
GB/T 36849—2018 《五彩苏类病毒检疫鉴定方法》
GB/T 36850—2018 《番茄严重曲叶病毒检疫鉴定方法》
GB/T 40138—2021 《南方菜豆花叶病毒检疫鉴定方法》
GB/T 40194—2021 《大麦条纹花叶病毒检疫鉴定方法》
GB/T 40455—2021 《蓝莓休克病毒检疫鉴定方法》

(3) 行业标准

NY/T 2288—2021 《黄瓜绿斑驳花叶病毒检疫检测与鉴定方法》
SN/T 1135.10—2013 《马铃薯V病毒检疫鉴定方法》
SN/T 1135.1—2002 《马铃薯癌肿病检疫鉴定方法》
SN/T 1135.12—2015 《马铃薯M病毒检疫鉴定方法》
SN/T 1135.13—2015 《马铃薯Y病毒检疫鉴定方法》
SN/T 1135.2—2016 《马铃薯黄化矮缩病毒检疫鉴定方法》
SN/T 1135.3—2016 《马铃薯帚顶病毒检疫鉴定方法》
SN/T 1135.7—2009 《马铃薯A病毒检疫鉴定方法》
SN/T 1139—2002 《蚕豆染色病毒血清学检测方法》
SN/T 1146.2—2017 《烟草环斑病毒分子生物学检测方法》
SN/T 1146—2010 《烟草环斑病毒检疫鉴定方法》
SN/T 1150—2015 《南芥菜花叶病毒检疫鉴定方法》
SN/T 1580—2013 《椰子死亡类病毒检疫鉴定方法》
SN/T 1611—2013 《南方菜豆花叶病毒血清学检测方法》
SN/T 1612—2013 《香石竹环斑病毒检疫鉴定方法》
SN/T 1616—2013 《非洲木薯花叶病毒检测方法》
SN/T 1617—2017 《可可肿枝病毒检疫鉴定方法》
SN/T 1618—2017 《李属坏死环斑病毒检疫鉴定方法》
SN/T 1666—2005 《水稻条纹病毒、水稻矮缩病毒、水稻黑

条矮缩病毒的检测方法　普通 RT-PCR 方法和实时荧光 RT-PCR 方法》

SN/T 1840—2006　《植物病毒免疫电镜检测方法》

SN/T 2014—2014　《番茄黑环病毒检疫鉴定方法》

SN/T 2055—2016　《豇豆重花叶病毒检疫鉴定方法》

SN/T 2125—2008　《李痘病毒检疫鉴定方法》

SN/T 2155—2008　《建兰花叶病毒检测方法》

SN/T 2342. 2—2010　《苹果皱果类病毒检疫鉴定方法》

SN/T 2342—2009　《苹果茎沟病毒检疫鉴定方法》

SN/T 2344—2014　《黄瓜绿斑驳花叶病毒检疫鉴定方法》

SN/T 2368—2009　《番茄斑萎病毒检疫鉴定方法》

SN/T 2462—2010　《棉花曲叶病毒检疫鉴定方法》

SN/T 2627—2010　《马铃薯卷叶病毒检疫鉴定方法》

SN/T 2635—2010　《水稻瘤矮病毒的检疫鉴定方法》

SN/T 3277—2012　《鳄梨日斑类病毒检疫鉴定方法》

SN/T 3287—2012　《棉花皱叶病毒分子检疫鉴定方法》

SN/T 3293—2012　《水仙花叶病毒、水仙潜隐病毒、水仙黄条病毒的检疫鉴定方法》

SN/T 3398—2012　《大豆检疫性病毒多重实时荧光 RT-PCR 检测方法》

SN/T 3436—2012　《黎草花叶病毒检疫鉴定方法》

SN/T 3437—2012　《马铃薯纺锤块茎类病毒检疫鉴定方法》

SN/T 3438—2012　《南方菜豆花叶病毒检疫鉴定方法》

SN/T 3439—2012　《小西葫芦绿斑驳花叶病毒检疫鉴定方法》

SN/T 3440—2012　《烟草脆裂病毒检疫鉴定方法》

SN/T 3674—2013　《凤仙花坏死斑病毒检疫鉴定方法》

SN/T 3961—2014　《美人蕉黄斑驳病毒的检疫鉴定方法》

SN/T 3962—2014　《水仙迟季黄化病毒的检疫鉴定方法》

SN/T 3963—2014　《桃丛簇花叶病毒检测方法》

SN/T 3964—2014　《番茄严重曲叶病毒检疫鉴定方法》

SN/T 4076—2014　《百合无症病毒检疫鉴定方法》

SN/T 4077—2014　《齿兰环斑病毒检疫鉴定方法》

SN/T 4178—2015　《南瓜花叶病毒检疫鉴定方法》

SN/T 4179—2015　《水仙退化病毒检疫鉴定方法》

SN/T 4180—2015　《线虫传多面体病毒属病毒 RT-PCR 筛查方法》

SN/T 4404—2015　《菜豆金色花叶病毒属病毒 PCR 筛查方法》

SN/T 4405—2015　《黄瓜花叶病毒检疫鉴定方法》

SN/T 4406—2015　《竹花叶病毒的检疫鉴定方法》

SN/T 4631—2016　《水仙普通潜隐病毒的检疫鉴定方法》

SN/T 4632—2016　《小西葫芦黄花叶病毒检疫鉴定方法》

SN/T 4728—2016　《椰子败生类病毒检疫鉴定方法》

SN/T 4877.12—2018　《基因条形码筛查方法　黄瓜绿斑驳花叶病毒》

SN/T 4877.13—2019　《基因条形码筛查方法　第 13 部分：检疫性马铃薯 Y 病毒属病毒》

SN/T 4877.14—2019　《基因条形码筛查方法　第 14 部分：检疫性南方菜豆花叶病毒属病毒》

SN/T 5384—2021　《辣椒脉斑驳病毒检疫鉴定方法》

SN/T 5385—2021　《蓝莓焦枯病毒检疫鉴定方法》

SN/T 5386—2021　《葡萄灰皮诺病毒检疫鉴定方法》

SN/T 5387—2021　《莴苣花叶病毒检疫鉴定方法》

SN/T 5388—2021　《烟草线条病毒检疫鉴定方法》

SN/T 1612—2005　《香石竹环斑病毒血清学检测方法》

SN/T 1617—2005　《可可肿枝病毒检测方法》

(4) 地方标准

DB21/T 2341—2014　《马铃薯种薯（种苗）病毒多重 RT-PCR 检测技术规程》

DB33/T 783—2010　《脱毒芋艿种芋（苗）病毒检测技术规程》

9. 线虫鉴定标准

(1) 国际标准

第 27 号附件 8（2015）　《马铃薯腐烂茎线虫/鳞球茎茎线虫（*Ditylenchus destructor*，*D. dipsaci*）》

第 27 号附件 10（2016）　《松材线虫（*Bursaphelenchus xylophilus*）》

第 27 号附件 11（2016）　《广义美洲剑线虫（*Xiphinema americanum sensu* lato）》

第 27 号附件 18（2017）　《小麦粒线虫（*Anguina* spp.）》

(2) 国家标准

GB/T 24828—2009　《穿刺根腐线虫检疫鉴定方法》

GB/T 24829—2009　《毛刺线虫属（传毒种类）检疫鉴定方法》

GB/T 24830—2009　《拟毛刺线虫属（传毒种类）检疫鉴定方法》

GB/T 24831—2009　《香蕉穿孔线虫检疫鉴定方法》

GB/T 28091—2011　《剑线虫属（传毒种类）检疫鉴定方法》

GB/T 28977—2012　《菊花滑刃线虫检疫鉴定方法》

GB/T 29577—2013　《腐烂茎线虫检疫鉴定方法》

GB/T 29585—2013　《剪股颖粒线虫检疫鉴定方法》

GB/T 32766—2016　《最大拟长针线虫检疫鉴定方法》

GB/T 33126—2016 《胼胝拟毛刺线虫检疫鉴定方法》

GB/T 35342—2017 《松材线虫分子检测鉴定技术规程》

（3）行业标准

LY/T 2350—2014 《松褐天牛携带松材线虫的 PCR 检测技术规范》

NY/T 1280—2007 《花卉植物寄生线虫检测规程》

NY/T 1485—2007 香蕉穿孔线虫检疫检测与鉴定技术规范》

SN/T 1132—2002 《松材线虫检疫鉴定方法》

SN/T 1136—2002 《水稻茎线虫检疫鉴定方法》

SN/T 1140—2002 《甜菜胞囊线虫检疫鉴定方法》

SN/T 1141—2002 《鳞球茎茎线虫检疫鉴定方法》

SN/T 1159—2010 《椰子红环腐线虫检疫鉴定方法》

SN/T 1505—2005 《穿孔属线虫检疫鉴定方法》

SN/T 1723. 1—2006 《马铃薯白线虫检疫鉴定方法》

SN/T 1723. 2—2006 《马铃薯金线虫检疫鉴定方法》

SN/T 2017—2007 《拟松材线虫检疫鉴定方法》

SN/T 2117—2008 《伪哥伦比亚根结线虫检疫鉴定方法》

SN/T 2338—2009 《草莓滑刃线虫检疫鉴定方法》

SN/T 2505—2010 《水稻干尖线虫检疫鉴定方法》

SN/T 2506—2010 《菊花滑刃线虫检疫鉴定方法》

SN/T 2507—2010 《咖啡短体线虫检疫鉴定方法》

SN/T 3894—2014 《伪短体线虫检疫鉴定方法》

SN/T 4079—2014 《仙人掌孢囊属线虫检疫鉴定方法》

SN/T 4081—2014 《伤残短体线虫检验鉴定方法》

SN/T 4171—2015 《短颈剑线虫检疫鉴定方法》

SN/T 4408—2015 《古氏短体线虫检疫鉴定方法》

SN/T 4722—2016 《泰国根结线虫检疫鉴定方法》

SN/T 4723—2016　《根结线虫属（非中国种）检疫鉴定方法》

SN/T 4873—2017　《西班牙根结线虫检疫鉴定方法》

SN/T 5208—2021　《短体线虫（非中国种）检疫鉴定方法》

10. 软体动物鉴定标准

（1）国家标准

GB/T 29576—2013　《非洲大蜗牛检疫鉴定方法》

GB/T 33116—2016　《琉球球壳蜗牛检疫鉴定方法》

GB/T 33122—2016　《花园葱蜗牛检疫鉴定方法》

GB/T 36825—2018　《蠕虫尹氏蜗牛检疫鉴定方法》

（2）行业标准

SN/T 1397—2004　《非洲大蜗牛检疫鉴定方法》

SN/T 3067—2011　《软体动物常规检疫规范》

SN/T 3164—2012　《盖罩大蜗牛检疫鉴定方法》

SN/T 3171—2012　《散大蜗牛检疫鉴定方法》

SN/T 3405—2012　《比萨茶蜗牛检疫鉴定方法》

SN/T 3967—2014　《斯文毫式大蜗牛检疫鉴定方法》

SN/T 3968—2014　《玫瑰蜗牛检疫鉴定方法》

SN/T 4637—2016　《地中海白蜗牛检疫鉴定方法》

SN/T 4638—2016　《尖头旋蜗牛检疫鉴定方法》

SN/T 5134—2019　《森林葱蜗牛检疫鉴定方法》

SN/T 5135—2019　《布氏蜗牛检疫鉴定方法》

SN/T 5136—2019　《上旋齿蜗牛检疫鉴定方法》

SN/T 5378—2021　《线型湿螺检疫鉴定方法》

11. 杂草鉴定标准

（1）国际标准

第 27 号附件 19（2017）《假高粱（*Sorghum halepense*）》

(2) 国家标准

GB/T 28085—2011 《苍耳（属）（非中国种）检疫鉴定方法》

GB/T 28088—2011 《刺萼龙葵检疫鉴定方法》

GB/T 28090—2011 《假苍耳检疫鉴定方法》

GB/T 28108—2011 《匍匐矢车菊检疫鉴定方法》

GB/T 28109—2011 《薇甘菊检疫鉴定方法》

GB/T 28110—2011 《疣果匙荠检疫鉴定方法》

GB/T 29398—2012 《紫茎泽兰检疫鉴定方法》

GB/T 29430—2012 《臭千里光检疫鉴定方法》

GB/T 29574—2013 《大阿米芹检疫鉴定方法》

GB/T 29575—2013 《法国野燕麦检疫鉴定方法》

GB/T 29583—2013 《黄顶菊检疫鉴定方法》

GB/T 31799—2015 《银毛龙葵检疫鉴定方法》

GB/T 32142—2015 《齿裂大戟检疫鉴定方法》

GB/T 36751—2018 《野莴苣检疫鉴定方法》

GB/T 36753—2018 《翅蒺藜检疫鉴定方法》

GB/T 36754—2018 《铺散矢车菊检疫鉴定方法》

GB/T 36774—2018 《蒜芥茄检疫鉴定方法》

GB/T 36811—2018 《刺黄花稔检疫鉴定方法》

GB/T 36817—2018 《飞机草检疫鉴定方法》

GB/T 36819—2018 《北美刺龙葵检疫鉴定方法》

GB/T 36832—2018 《黑高粱检疫鉴定方法》

GB/T 36835—2018 《欧洲山萝卜检疫鉴定方法》

GB/T 36838—2018 《墙藜检疫鉴定方法》

GB/T 36839—2018 《豚草属检疫鉴定方法》

GB/T 40193—2021 《长芒苋检疫鉴定方法》

GB/T 40195—2021 《阿洛葵检疫鉴定方法》

（3）行业标准

SN/T 1144—2020 《列当的检疫鉴定方法》

SN/T 1154—2015 《毒麦检疫鉴定方法》

SN/T 1362—2011 《假高粱检疫鉴定方法》

SN/T 1385—2004 《菟丝子属的检疫鉴定方法》

SN/T 1814—2006 《南方三棘果检疫鉴定方法》

SN/T 1838—2006 《具节山羊草检疫鉴定方法》

SN/T 1842—2006 《美丽猪屎豆检疫鉴定方法》

SN/T 2339—2009 《毒莴苣检疫鉴定方法》

SN/T 2373—2009 《豚草属检疫鉴定方法》

SN/T 2477—2010 《刺苞草检疫鉴定方法》

SN/T 2760—2011 《蒺藜草属检疫鉴定方法》

SN/T 3073—2011 《细茎野燕麦检疫鉴定方法》

SN/T 3163—2012 《飞机草的检疫鉴定方法》

SN/T 3285—2012 《宽叶高加利检疫鉴定方法》

SN/T 3441—2012 《不实野燕麦的检疫鉴定方法》

SN/T 3442—2012 《独脚金属检疫鉴定方法》

SN/T 3443—2012 《节节麦检疫鉴定方法》

SN/T 3444—2012 《提琴叶牵牛花检疫鉴定方法》

SN/T 3445—2012 《小花假苍耳检疫鉴定方法》

SN/T 3688—2013 《硬雀麦检疫鉴定方法》

SN/T 3710—2013 《异株苋亚属检疫鉴定方法》

SN/T 4169—2015 《扁浒苔检疫鉴定方法》

SN/T 4170—2015 《假臭草检疫鉴定方法》

SN/T 4343—2015 《曼陀罗属检疫鉴定方法》

SN/T 4342—2015 《刺亦模检疫鉴定方法》

SN/T 4468—2016 《粗刺曼陀罗检疫鉴定方法》

SN/T 4633—2016 《加拿大一枝黄花检疫鉴定方法》

SN/T 4876.4—2017 《DNA 条形码方法 高粱属》

SN/T 4876.5—2017 《DNA 条形码方法 曼陀罗属》

SN/T 4876.7—2019 《DNA 条形码方法 一品红亚属》

SN/T 5381—2021 《膨果苋检疫鉴定方法》

SN/T 5382—2021 《金毛狗鉴定方法》

SN/T 5383—2021 《印度大麻检疫鉴定方法》

12. 物种资源鉴定标准

(1) 国家标准

GB/T 23599—2009 《草菇菌种》

(2) 行业标准

NY/T 1194—2006 《柱花草 种子》

SN/T 1586.3—2011 《菜豆的多重 PCR 鉴定方法》

SN/T 2026—2007 《进境世界主要用材树种鉴定》

SN/T 2600—2010 《出境水杉遗传种质资源快速鉴定方法》

SN/T 2612—2010 《植物种质资源鉴定方法 稻属植物的鉴定》

SN/T 2869.1—2011 《植物种质资源鉴定方法 第 1 部分：斑点野生稻的鉴定》

SN/T 2869.2—2011 《植物种质资源鉴定方法 第 2 部分：中草药青蒿的鉴定》

SN/T 3071—2011 《出入境生物物种资源查验规程》

SN/T 3297—2012 《植物种质资源鉴定方法 玉米的鉴定》

SN/T 3957—2014 《冬虫夏草真伪鉴别 实时荧光 PCR 方法》

SN/T 5130—2019 《疣粒稻鉴定方法》

SN/T 5131—2019 《人参鉴定方法》

SN/T 5132—2019 《肉苁蓉鉴定方法》

（3）团体标准

T/CACM 1056.117—2019 《中药材种子种苗　浙贝母种鳞茎》

T/CACM 1056.118—2019 《中药材种子种苗　浙麦冬种苗》

T/CACM 1056.119—2019 《中药材种子种苗　温郁金种苗》

T/CACM 1056.12—2017 《中药材种子种苗　苍术种子》

T/CACM 1056.128—2019 《中药材种子种苗　夏天无种茎》

T/CACM 1056.133～1056.134—2019 《中药材种子种苗　党参种子、种苗》

T/CACM 1056.135—2019 《中药材种子种苗　铁棒锤种子》

T/CACM 1056.15—2017 《中药材种子种苗　滇龙胆种子》

T/CACM 1056.16—2017 《中药材种子种苗　白及种子》

T/CACM 1056.17—2017 《中药材种子种苗　青蒿种子》

T/CACM 1056.19—2017 《中药材种子种苗　前胡种子》

T/CACM 1056.20—2017 《中药材种子种苗　半夏种茎》

T/CACM 1056.21—2017 《中药材种子种苗　柴胡种子》

T/CACM 1056.22—2017 《中药材种子种苗　红花种子》

T/CACM 1056.23—2017 《中药材种子种苗　夏枯草种子》

T/CACM 1056.24—2017 《中药材种子种苗　黄连种子》

T/CACM 1056.25—2017 《中药材种子种苗　射干种子》

T/CACM 1056.26—2017 《中药材种子种苗　白花蛇舌草种子》

T/CACM 1056.27—2017 《中药材种子种苗　菊花种苗》

T/CACM 1056.28—2017 《中药材种子种苗　金银花种苗》

T/CACM 1056.35—2017 《中药材种子种苗　玫瑰花种苗》

T/CACM 1056.36—2017 《中药材种子种苗　牡丹种子》

T/CACM 1056.42—2017 《中药材种子种苗　川芎苓种》

T/CACM 1056.43—2017 《中药材种子种苗　连翘种子》

T/CACM 1056.47—2017 《中药材种子种苗　桔梗种子》

T/CACM 1056.51—2017 《中药材种子种苗　百合种球》

T/CACM 1056.55—2017 《中药材种子种苗　薏苡种子》

T/CACM 1056.63—2017 《中药材种子种苗　刺五加种子》

T/CACM 1056.81—2019 《中药材种子种苗　菘蓝种子》

T/CACM 1056.82—2019 《中药材种子种苗　决明种子》

T/CACM 1056.83—2019 《中药材种子种苗　紫苏种子》

T/CACM 1056.85—2019 《中药材种子种苗　牛蒡种子》

T/CACM 1056.86—2019 《中药材种子种苗　金铁锁种子》

T/CACM 1056.87—2019 《中药材种子种苗　阳春砂种子》

13. 转基因检测法规、标准

由于引进种质资源主要为野生或栽培的植物体或组织，未特意说明，则不需进行转基因成分检测。除非引进的种质资源为转基因产品，则按照以下给出的法规、标准实施。

（1）法规

农业部1193号公告-1-2009 《转基因植物及其产品成分检测　耐贮藏番茄D2及其衍生品种定性PCR方法》

农业部1193号公告-3-2009 《转基因植物及其产品成分检测　抗虫水稻TT51-1及其衍生品种定性PCR方法》

农业部1485号公告-10-2010 《转基因植物及其产品成分检测　耐除草剂棉花LLcotton25及其衍生品种定性PCR方法》

农业部1485号公告-11-2010 《转基因植物及其产品成分检

测　抗虫转 Bt 基因棉花定性 PCR 方法》

农业部 1485 号公告-12-2010　《转基因植物及其产品成分检测　耐除草剂棉花 MON88913 及其衍生品种定性 PCR 方法》

农业部 1485 号公告-13-2010　《转基因植物及其产品成分检测　抗虫棉花 MON15985 及其衍生品种定性 PCR 方法》

农业部 1485 号公告-15-2010　《转基因植物及其产品成分检测抗虫耐除草剂玉米 MON88017 及其衍生品种定性 PCR 方法》

农业部 1485 号公告-16-2010　《转基因植物及其产品成分检测　抗虫玉米 MIR604 及其衍生品种定性 PCR 方法》

农业部 1485 号公告-18-2010　《转基因生物及其产品食用安全检测　外源蛋白质过敏性生物信息学分析方法》

农业部 1485 号公告-2-2010　《转基因微生物及其产品成分检测　猪伪狂犬 TK-/gE-/gI-毒株（SA215 株）及其产品定性 PCR 方法》

农业部 1485 号公告-3-2010　《转基因植物及其产品成分检测耐除草剂甜菜 H7-1 及其衍生品种定性 PCR 方法》

农业部 1485 号公告-4-2010　《转基因植物及其产品成分检测 DNA 提取和纯化》

农业部 1485 号公告-5-2010	《转基因植物及其产品成分检测 抗病水稻 M12 及其衍生品种定性 PCR 方法》
农业部 1485 号公告-6-2010	《转基因植物及其产品成分检测 耐除草剂大豆 MON89788 及其衍生品种定性 PCR 方法》
农业部 1485 号公告-7-2010	《转基因植物及其产品成分检测 耐除草剂大豆 A2704-12 及其衍生品种定性 PCR 方法》
农业部 1485 号公告-8-2010	《转基因植物及其产品成分检测 耐除草剂大豆 A5547-127 及其衍生品种定性 PCR 方法》
农业部 1485 号公告-9-2010	《转基因植物及其产品成分检测 抗虫耐除草剂玉米 59122 及其衍生品种定性 PCR 方法》
农业部 1861 号公告-1-2012	《转基因植物及其产品成分检测 水稻内标准基因定性 PCR 方法》
农业部 1861 号公告-2-2012	《转基因植物及其产品成分检测 耐除草剂大豆 GTS 40-3-2 及其衍生品种定性 PCR 方法》
农业部 1861 号公告-3-2012	《转基因植物及其产品成分检测 玉米内标准基因定性 PCR 方法》
农业部 1861 号公告-4-2012	《转基因植物及其产品成分检测 抗虫玉米 MON89034 及其衍生品种定性 PCR 方法》

农业部 1861 号公告-5-2012　《转基因植物及其产品成分检测 CP4-epsps 基因定性 PCR 方法》

农业部 1861 号公告-6-2012　《转基因植物及其产品成分检测 耐除草剂棉花 GHB614 及其衍生品种定性 PCR 方法》

（2）国家标准

GB/T 19495.4—2018　《转基因产品检测　实时荧光定性聚合酶链式反应（PCR）检测方法》

GB/T 19495.5—2018　《转基因产品检测　实时荧光定量聚合酶链式反应（PCR）检测方法》

（3）行业标准

NY/T 672—2003　《转基因植物及其产品检测通用要求》

NY/T 675—2003　《转基因植物及其产品检测大豆定性 PCP 方法》

NY/T 719.1—2003　《转基因大豆环境安全检测技术规范　第 1 部分：生存竞争能力检测》

NY/T 719.2—2003　《转基因大豆环境安全检测技术规范　第 2 部分：外源基因流散的生态风险检测》

NY/T 719.3—2003　《转基因大豆环境安全检测技术规范　第 3 部分：对生物多样性影响的检测》

NY/T 720.1～720.3—2003　《转基因玉米环境安全检测技术规范［合订本］》

NY/T 720.1—2003　《转基因玉米环境安全检测技术规范　第 1 部分：生存竞争能力检测》

NY/T 720.2—2003　《转基因玉米环境安全检测技术规范　第 2 部分：外源基因流散的生态风险检测》

NY/T 720.3—2003　《转基因玉米环境安全检测技术规范　第

3 部分：对生物多样性影响的检测》

NY/T 721.1—2003 《转基因油菜环境安全检测技术规范 第 1 部分：生存竞争能力检测》

NY/T 721.2—2003 《转基因油菜环境安全检测技术规范 第 2 部分：外源基因流散的生态风险检测》

NY/T 721.3—2003 《转基因油菜环境安全检测技术规范 第 3 部分：对生物多样性影戏的检测》

SN/T 3767.30—2014 《出口食品中转基因成分环介导等温扩增（LAMP）检测方法 第 30 部分：油菜 RT—73 品系》

SN/T 3767.2—2014 《出口食品中转基因成分环介导等温扩增（LAMP）检测方法 第 2 部分：筛选方法》

SN/T 3767.26—2014 《出口食品中转基因成分环介导等温扩增（LAMP）检测方法 第 26 部分：水稻 T1C-19 品系》

SN/T 3767.27—2014 《出口食品中转基因成分环介导等温扩增（LAMP）检测方法 第 27 部分：水稻 T2A-1 品系》

SN/T 3767.28—2014 《出口食品中转基因成分环介导等温扩增（LAMP）检测方法 第 28 部分：小麦 B73-6-1 品系》

SN/T 3767.29—2014 《出口食品中转基因成分环介导等温扩增（LAMP）检测方法 第 29 部分：甜菜 H7-1 品系》

SN/T 1194—2014 《植物及其产品转基因成分检测抽样和制样方法》

SN/T 1195—2003　《大豆中转基因成分定性 PCR 检测方法》
SN/T 1196—2012　《转基因成分检测　玉米检测方法》
SN/T 1197—2016　《油菜中转基因成分检测　普通 PCR 和实时荧光 PCR 方法》
SN/T 1198—2013　《转基因成分检测　马铃薯检测方法》
SN/T 1199—2010　《棉花中转基因成分定性 PCR 检验方法》
SN/T 1201—2014　《饲料中转基因植物成分 PCR 检测方法》
SN/T 1202—2010　《食品中转基因植物成分定性 PCR 检测方法》
SN/T 1204—2016　《植物及其加工产品中转基因成分实时荧光 PCR 定性检验方法》
SN/T 1816—2013　《转基因成分检测　番茄检测方法》
SN/T 2074—2008　《主要食用菌中转基因成分定性 PCR 检测方法》
SN/T 2271—2009　《青椒中转基因成分定性 PCR 检测方法》
SN/T 2584—2010　《水稻及其产品中转基因成分检测　实时荧光 PCR 方法》
SN/T 2653—2010　《木瓜中转基因成分定性 PCR 检测方法》
SN/T 2667—2010　《转基因微生物定性检测方法》
SN/T 2668—2010　《转基因植物品系特异性检测方法》
SN/T 2705—2010　《调味品中转基因植物成分实时荧光 PCR 定性检测方法》
SN/T 3168—2012　《活体转基因生物风险分析方法》
SN/T 3283—2012　《进境植物及其产品转基因检验规程》
SN/T 3576—2013　《转基因成分检测　大豆 PCR-DHPLC 检测方法》
SN/T 3577—2013　《转基因成分检测　棉花 PCR-DHPLC 检

测方法》

SN/T 3690—2013 《转基因大米 PCR-DHPLC 检测方法》

SN/T 3691—2013 《转基因玉米 PCR-DHPLC 检测方法》

SN/T 3767.10—2014 《出口食品中转基因成分环介导等温扩增（LAMP）检测方法　第 10 部分：玉米 MON88017 品系》

SN/T 3767.11—2014 《出口食品中转基因成分环介导等温扩增（LAMP）检测方法　第 11 部分：玉米 MON89034 品系》

SN/T 3767.1—2014 《出口食品中转基因成分环介导等温扩增（LAMP）检测方法　第 1 部分：通用要求和定义》

SN/T 3767.12—2014 《出口食品中转基因成分环介导等温扩增（LAMP）检测方法　第 12 部分：玉米 T-25 品系》

SN/T 3767.13—2014 《出口食品中转基因成分环介导等温扩增（LAMP）检测方法　第 13 部分：玉米 3272 品系》

SN/T 3767.14—2014 《出口食品中转基因成分环介导等温扩增（LAMP）检测方法　第 14 部分：玉米 59122 品系》

SN/T 3767.15—2014 《出口食品中转基因成分环介导等温扩增（LAMP）检测方法　第 15 部分：大豆 A2704-12 品系》

SN/T 3767.16—2014 《出口食品中转基因成分环介导等温扩增（LAMP）检测方法　第 16 部分：大豆 A5547-127 品系》

SN/T 3767.17—2014　《出口食品中转基因成分环介导等温扩增（LAMP）检测方法　第 17 部分：大豆 DP356043 品系》

SN/T 3767.18—2014　《出口食品中转基因成分环介导等温扩增（LAMP）检测方法　第 18 部分：大豆 GTS40-3-2 品系》

SN/T 3767.19—2014　《出口食品中转基因成分环介导等温扩增（LAMP）检测方法　第 19 部分：大豆 MON89788 品系》

SN/T 3767.20—2014　《出口食品中转基因成分环介导等温扩增（LAMP）检测方法　第 20 部分：水稻 Bt-63 品系》

SN/T 3767.21—2014　《出口食品中转基因成分环介导等温扩增（LAMP）检测方法　第 21 部分：水稻 KF6 品系》

SN/T 3767.22—2014　《出口食品中转基因成分环介导等温扩增（LAMP）检测方法　第 22 部分：水稻 KF8 品系》

SN/T 3767.23—2014　《出口食品中转基因成分环介导等温扩增（LAMP）检测方法　第 23 部分：水稻 KMD 品系》

SN/T 3767.24—2014　《出口食品中转基因成分环介导等温扩增（LAMP）检测方法　第 24 部分：水稻 LLrice62 品系》

SN/T 3767.25—2014　《出口食品中转基因成分环介导等温扩增（LAMP）检测方法　第 25 部分：水稻 M12 品系》

SN/T 3767.3—2014 《出口食品中转基因成分环介导等温扩增（LAMP）检测方法　第3部分：玉米Bt-11品系》

SN/T 3767.4—2014 《出口食品中转基因成分环介导等温扩增（LAMP）检测方法　第4部分：玉米Bt176品系》

SN/T 3767.5—2014 《出口食品中转基因成分环介导等温扩增（LAMP）检测方法　第5部分：玉米GA21品系》

SN/T 3767.6—2014 《出口食品中转基因成分环介导等温扩增（LAMP）检测方法　第6部分：玉米MIR162品系》

SN/T 3767.7—2014 《出口食品中转基因成分环介导等温扩增（LAMP）检测方法　第7部分：玉米MIR604品系》

SN/T 3767.8—2014 《出口食品中转基因成分环介导等温扩增（LAMP）检测方法　第8部分：玉米MON810品系》

SN/T 3767.9—2014 《出口食品中转基因成分环介导等温扩增（LAMP）检测方法　第9部分：玉米MON863品系》

SN/T 3895—2014 《转基因亚麻籽FP967品系实时荧光PCR检测方法》

SN/T 3959—2014 《甜菜中转基因成分检测普通PCR方法和实时荧光PCR方法》

SN/T 4288—2015 《Optimum Intrasect中转基因成分定性PCR检测方法》

SN/T 4413—2015　《转基因玉米品系检测　可视芯片检测方法》

SN/T 4561—2016　《转基因检测非标方法确认评价指南》

SN/T 4562—2016　《转基因检测实验室测量不确定度评估指南》

SN/T 4853.1—2017　《转基因大米定量检测数字 PCR 法　第 1 部分：TT51-1 品系》

SN/T 4853.2—2017　《转基因大米定量检测数字 PCR 法　第 2 部分：克螟稻品系》

SN/T 4853.3—2017　《转基因大米定量检测数字 PCR 法　第 3 部分：科丰 6 号品系》

SN/T 4853.4—2017　《转基因大米定量检测数字 PCR 法　第 4 部分：M12 品系》

SN/T 4853.5—2017　《转基因大米定量检测数字 PCR 法　第 5 部分：LL62 品系》

SN/T 4853.6—2017　《转基因大米定量检测数字 PCR 法　第 6 部分：T2A-1 品系》

SN/T 4853.7—2017　《转基因大米定量检测数字 PCR 法　第 7 部分：T1C-19 品系》

SN/T 4864—2017　《转基因玉米检测　微流体芯片检测方法》

SN/T 4993—2017　《转基因玉米成分定量检测　微滴式数字 PCR 方法》

SN/T 5334.5—2020　《转基因植物产品的数字 PCR 检测方法　第 5 部分：转基因棉花》

SN/T 5334.6—2020　《转基因植物产品的数字 PCR 检测方法　第 6 部分：转基因马铃薯》

SN/T 5334.7—2020　《转基因植物产品的数字 PCR 检测方法

第 7 部分：转基因苜蓿》

SN/T 5334. 8—2020 《转基因植物产品的数字 PCR 检测方法 第 8 部分：转基因甜菜》

SN/T1196—2003 《玉米中转基因成分定性 PCR 检测方法》

SN/T1197—2003 《油菜籽中转基因成分定性 PCR 检测方法》

SN/T1198—2003 《马铃薯中转基因成分定性 PCR 检测方法》

SN/T1201—2003 《植物性饲料中转基因成分定性 PCR 检测方法》

SN/T1816—2006 《番茄中转基因成分定性 PCR 检测方法》

（4）地方标准

DB21/T 2396—2015 《水稻品种抗稻瘟病基因检测　PCR 法》

三、检疫处理

检疫处理是国家授权动植物检疫机关对发现限定的危险性有害生物采取适当的处理方法来消除疫情的措施。例如采取包括但不限于有效杀灭、灭活或消除有害生物，使有害生物丧失繁殖能力或丧失活力的机械、化学、辐射、物理和受控制环境处理。通过的检疫处理方法需保证对人类健康和安全、动物健康及对环境的影响最小（如 1997 年国际植保公约序言和第 I. 1 款以及关于与其他国际协定的关系的 1997 年国际植保公约第Ⅲ条中所说明的），此外还应考虑对产品质量及其原定用途的影响。

1.《限定有害生物的植物检疫处理》（ISPM 第 28 号，2007、2012）

该标准是检疫处理规程通用总则，对国际贸易中植物及植物产品携带的限定有害生物给出了处理要求，所通过的处理手段提出有效控制限定有害生物所必需的最低要求。除该总则之外，还有针对不同昆虫、植物产品的 32 项附件。

第 28 号附件 01（2009）《墨西哥实蝇（*Anastrepha ludens*）辐照处理》

第 28 号附件 02（2009）《西印度实蝇（*Anastrepha obliqua*）辐照处理》

第 28 号附件 03（2009）《暗色实蝇（*Anastrepha serpentina*）辐照处理》

第 28 号附件 04（2009）《澳洲果实蝇（*Bactrocera jarvisi*）辐照处理》

第 28 号附件 05（2009）《昆士兰实蝇（*Bactrocera tryoni*）辐照处理》

第 28 号附件 06（2009）《苹果蠹蛾（*Cydia pomonella*）辐照处理》

第 28 号附件 07（2009）《实蝇（实蝇科 Tephritidae）辐照处理》

第 28 号附件 08（2009）《苹果实蝇（*Rhagoletis pomonella*）辐照处理》

第 28 号附件 09（2010）《李象鼻虫（*Conotrachelus nenuphar*）辐照处理》

第 28 号附件 10（2010）《梨小食心虫（*Grapholita molesta*）辐照处理》

第 28 号附件 11（2010）《缺氧条件下梨小食心虫（*Grapholita molesta*）辐照处理》

第 28 号附件 12（2011）《甘薯蚁象（*Cylas formicarius elegantulus*）辐照处理》

第 28 号附件 13（2011）《甘薯象鼻虫（*Euscepes postfasciatus*）辐照处理》

第 28 号附件 14（2011）《地中海实蝇（*Ceratitis capitata*）辐照

	处理》
第28号附件15（2014）	《网纹甜瓜（*Cucumis melo* var. *reticulatus*）瓜实蝇（*Bactocera cucurbitae*）蒸热处理》
第28号附件16（2015）	《脐橙（*Citrus sinensis*）昆士兰实蝇（*Bactrocera tryoni*）冷处理》
第28号附件17（2015）	《柑橘（*Citrus reticulata* x *C. sinensis*）昆士兰实蝇（*Bactrocera tryoni*）冷处理》
第28号附件18（2015）	《柠檬（*Citrus limon*）昆士兰实蝇（*Bactrocera tryoni*）冷处理》
第28号附件19（2015）	《新菠萝灰粉蚧（*Dysmicoccus neobrevipes*）、南洋臀纹粉蚧（*Planococcus lilacinus*）、大洋臀纹粉蚧（*Planococcus minor*）的辐照处理》
第28号附件20（2016）	《欧洲玉米螟（*Ostrinia nubilalis*）的辐照处理》
第28号附件21（2016）	《番木瓜实蝇属 *Bactrocera melanotus* 和 *B. xanthodes*（双翅目：实蝇科）蒸汽热处理》
第28号附件22（2017）	《针对昆虫的去皮木材硫酰氟熏蒸》
第28号附件23（2017）	《针对线虫和昆虫的去皮木材硫酰氟熏蒸》
第28号附件24（2017）	《针对地中海实蝇的橙子低温处理》
第28号附件25（2017）	《针对地中海实蝇的柑橘和橙子杂交种低温处理》
第28号附件26（2017）	《针对地中海实蝇的柠檬低温处理》

第 28 号附件 27（2017）《针对地中海实蝇的葡萄柚低温处理》

第 28 号附件 28（2017）《针对地中海实蝇的柑橘低温处理》

第 28 号附件 29（2017）《针对地中海实蝇的克里曼丁橘低温处理》

第 28 号附件 30（2017）《针对地中海实蝇的芒果蒸汽热处理》

第 28 号附件 31（2017）《针对昆士兰实蝇（*Bactrocera tryoni*）的芒果蒸汽热处理》

第 28 号附件 32（2019）《针对橘小实蝇（*Bactrocera dorsalis*）的番木瓜蒸热处理》

2. 国家和行业标准

我国目前有植物检疫处理国家标准 8 项、行业标准 59 项，主要为林业、海关植物检疫机构起草制定。涉及木材、木包装、植物产品各类针对性的检疫处理规程，如《林业检疫性害虫除害处理技术规程》《竹制品检疫处理技术规程》等；检疫处理基础设施及技术标准，如《溴甲烷检疫熏蒸库技术规范》《熏蒸剂溴甲烷循环再利用技术要求》《松材线虫病疫木热处理设施建设技术规范》等。

与植物繁殖材料检疫处理有关的标准有：《水果蔬菜和繁殖材料处理技术要求》《蔬菜类种子溴甲烷熏蒸处理技术标准》《栽培介质检疫处理要求》《进境百合种球传带检疫性线虫的检疫处理操作规程》《进出境栽培介质检疫和除害处理规程》。对植物繁殖材料携带病害的处理，也可参照《植物类病毒脱除处理规程》《植物病毒脱除处理规程》《热处理通用要求》《热处理脱除马铃薯卷叶病毒技术规程》《植物消毒处理设施设备基本要求》。

（1）国家标准

GB/T 20476—2006　《松材线虫病发生区松木包装材料处理和

管理》

GB/T 21659—2008 《植物检疫措施准则 辐照处理》

GB/T 23477—2009 《松材线虫病疫木处理技术规范》

GB/T 26420—2010 《林业检疫性害虫除害处理技术规程》

GB/T 31752—2015 《溴甲烷检疫熏蒸库技术规范》

GB/T 36773—2018 《竹制品检疫处理技术规程》

GB/T 36826—2018 《熏蒸剂溴甲烷循环再利用技术要求》

GB/T 36854—2018 《集装箱熏蒸操作规程》

(2) 行业标准

LY/T 1865—2009 《松材线虫病疫木清理技术规范》

LY/T 2214—2013 《松材线虫病疫木热处理设施建设技术规范》

SN/T 1123—2010 《帐幕熏蒸处理操作规程》

SN/T 1124—2002 《集装箱熏蒸规程》

SN/T 1143—2002 《简易熏蒸库熏蒸操作规程》

SN/T 1143—2013 《熏蒸库中植物有害生物熏蒸处理操作规程使用》

SN/T 1425—2004 《二硫化碳熏蒸香梨中苹果蠹蛾的操作规程》

SN/T 1442—2004 《磷化铝帐幕熏蒸操作规程》

SN/T 1456—2004 《磷化铝随航熏蒸操作规程》

SN/T 1484—2004 《进境原木火车熏蒸操作规程》

SN/T 1577—2005 《出入境核桃仁检疫操作规程》

SN/T 1583—2005 《输日稻草热处理操作规程》

SN/T 1587—2005 《林木蛀干害虫真空熏蒸处理规程》

SN/T 1592—2005 《输韩饲草福尔马林熏蒸处理操作规程》

SN/T 2010—2007 《植原体脱除方法》

SN/T 2015—2007　《出境林木种子有害生物检疫除害处理方法》
SN/T 2016—2007　《TCK 疫麦环氧乙烷熏蒸处理方法》
SN/T 2020—2007　《进出境栽培介质检疫和除害处理规程》
SN/T 2370—2009　《木制品家具检疫除害处理方法》
SN/T 2371—2009　《木质包装热处理操作规程》
SN/T 2475—2010　《植物类病毒脱除处理规程》
SN/T 2485—2010　《植物病毒脱除处理规程》
SN/T 2526—2010　《鲜切花溴甲烷库房熏蒸除害处理规程》
SN/T 2556—2010　《出口荔枝蒸热处理检疫操作规程》
SN/T 2587—2010　《刺桐姬小蜂检疫处理技术标准》
SN/T 2590—2010　《按实蝇属除害处理技术指标》
SN/T 2771—2011　《进境原木船舶熏蒸操作规程》
SN/T 2960—2011　《水果蔬菜和繁殖材料处理技术要求》
SN/T 3070—2011　《蔬菜类种子溴甲烷熏蒸处理技术标准》
SN/T 3167—2012　《花卉真空熏蒸处理规范》
SN/T 3275—2012　《出口竹制品溴甲烷熏蒸处理规程》
SN/T 3279—2012　《富士苹果磷化氢低温检疫熏蒸处理方法》
SN/T 3282—2012　《检疫熏蒸处理基本要求》
SN/T 3291—2012　《热处理通用要求》
SN/T 3295—2012　《栽培介质检疫处理要求》
SN/T 3568—2013　《危险性有害生物检疫处理原则》
SN/T 3707—2013　《香蕉新菠萝灰粉蚧辐照处理技术要求》
SN/T 3891—2014　《扶桑绵粉蚧药剂除害处理操作规程》
SN/T 4070—2014　《芒果、荔枝中橘小实蝇辐照处理最低剂量》
SN/T 4071—2014　《莲雾、木瓜中橘小实蝇辐照处理技术

要求》

SN/T 4327—2015 《植物检疫处理签证准则》

SN/T 4331—2015 《进境水果检疫辐照处理基本技术要求》

SN/T 4332—2015 《新鲜水果中磷化氢熏蒸气体残留测定方法 气相色谱法》

SN/T 4333—2015 《苹果溴甲烷检疫熏蒸处理操作规程及技术要求》

SN/T 4338—2015 《热处理脱除马铃薯卷叶病毒技术规程》

SN/T 4409—2015 《苹果蠹蛾辐照处理技术指南》

SN/T 4410—2015 《梨小食心虫辐照处理技术指南》

SN/T 4411—2015 《木质包装材料真空熏蒸处理规程》

SN/T 4716—2016 《进境麦类加工副产品湿热处理方法》

SN/T 4719—2016 《进境百合种球传带检疫性线虫的检疫处理操作规程》

SN/T 4791—2017 《出入境集装箱熏蒸处理气密性检测标准》

SN/T 4861—2017 《进境粮食蒸热处理设施设备基本要求》

SN/T 4862—2017 《水果中实蝇类害虫冷处理技术指南》

SN/T 4983—2017 《橘小实蝇磷化氢低温检疫熏蒸处理技术要求》

SN/T 4987—2017 《出口芒果蒸热处理操作技术规程》

SN/T 4991—2017 《真空检疫熏蒸设备基本要求》

SN/T 4992—2017 《植物消毒处理设施设备基本要求》

SN/T 5128—2019 《重要绿植扶桑绵粉蚧甲酸乙酯检疫熏蒸处理方法》

SN/T 1123—2002 《溴甲烷、硫酰氟帐幕熏蒸处理规程》

第三节　入境后风险及防控标准技术

一、隔离检疫

进境植物种质资源经检疫后，根据《进境植物繁殖材料检疫管理办法》等，分别作如下处理：

属于低风险的，经检疫未发现危险性有害生物，限定的非检疫性有害生物未超过有关规定的，给予放行；检疫发现危险性有害生物，或限定的非检疫性有害生物超过有关规定的，经有效的检疫处理后，给予放行；未经有效处理的，不准入境。进境植物种苗指定监管场地名单见附录3。

属于高、中风险的，经检疫未发现检疫性有害生物，限定的非检疫性有害生物未超过有关规定的，运往指定的隔离检疫圃隔离检疫；经检疫发现检疫性有害生物，或限定的非检疫性有害生物超过有关规定，经有效的检疫处理后，运往指定的隔离检疫圃隔离检疫；未经有效处理的，不准入境。进境植物种苗指定监管场地名单见附录3。

1. 设施

（1）《入境后植物检疫站的设计和操作》（ISPM 第 34 号，2010）和《进境植物隔离检疫圃的设计和操作》（GB/T 36814—2018）国家植保机构应根据风险管理原则（ISPM 第 1 号，2006）对国际贸易中可能传带检疫性有害生物的植物采取植物检疫措施。首先对输入产品开展有害生物风险评估，以便明确植物检疫措施。通常情况下，许多商品无需检疫隔离，经相应处理即可放行。但对短期内难以发现疫情的植物及植物产品，则需要检疫隔离。检疫隔离需要相应配套的硬件设施，如检疫站或检疫圃等。

检疫站进行隔离的目的是防止植物携带的有害生物逃逸。所需检查、检测、处理和核实活动结束时，该货物可酌情放行、销毁或保留作为参照材料。

该标准主要对入境检疫站或隔离检疫圃的具体设施要求进行界定，如选址地点、设施要求、操作要求、人员要求、技术和操作程序、记录保持、审核、入境后检疫过程的结束等。在附件中，除了对检疫站设计的一般要求之外，还注明了根据有害生物特性而需考虑的设计要求。例如完全通过嫁接而传播的病害、仅通过土壤和水传播的病害、通过空气传播的形体大于 0.2 毫米以及小于 0.2 毫米的有害生物、借助空气高度容易传播的病害，都是检疫站设计时需要考虑到的。

（2）《植物隔离检疫圃分级标准》（SN/T 1619—2017）和《隔离检疫圃分级》（GB/T 23415—2009） 该标准规定了植物隔离检疫圃通用要求及隔离检疫圃分级的管理和技术要素，包含隔离检疫圃选址、建设要求、人员资质、技术和操作程序、记录保持、监测及无害化处理、隔离放行与材料转移等。

根据隔离种苗类型、可能传带外来有害生物风险类型、安全操作要求、隔离设施对环境和人员提供的保护情况等，将隔离圃分为三级，即一级植物隔离检疫圃（PEQS-1）、二级植物隔离检疫圃（PEQS-2）、三级植物隔离检疫圃（PEQS-3）。不同级别植物隔离检疫圃涉及植物风险类型、主要有害生物分别如下：

一级圃（PEQS-1）适用于低风险植物产品，涉及有害生物为完全通过嫁接传播病害的种类。

二级圃（PEQS-2）适用于中低风险、中风险和高风险植物产品，涉及有害生物分别为：仅通过土壤或水传播的有害生物、依靠空气传播或移动的形体大于 0.2 毫米的有害生物或其传播媒介、依靠空气传播或移动的形体小于 0.2 毫米的有害生物或其传播媒介。

三级圃（PEQS-3）适用于极高风险植物产品，涉及有害生物为高度移动性或易于散步的有害生物。

2. 防控措施

（1）《种苗隔离检疫操作规程》（SN/T 3072—2011）　该标准规定了种苗隔离检疫的操作程序，适用于种苗进行隔离检疫时的检查或检测。文本包括了从接样（记录表）、初检、隔离检疫、实验室检测、取样、鉴定、检疫处理、种植物处理、样本保存等几个要素。初检后判断有有害生物的种苗，根据是否能够有效除害，再行隔离种植。隔离种植期间未发现病害的种苗，给予允许分散种植的判定；发现病害的种苗，根据除害处理成效，给予销毁、除害或脱毒处理的判定，再分散种植。

（2）《境外引进植物隔离检疫规程》（NY/T 1217—2006）　该标准规定了植物检疫机构对从境外引进的植物在植物检疫隔离场实施隔离检疫的程序、技术和方法。适用于以下植物类别：

——首次引进的植物；

——来自检疫性有害生物发生国家或地区的寄主植物；

——根据风险分析报告，可能携带危险性有害生物，应隔离检疫的植物；

——引进时已发现可疑的有害生物或在引进地属新的有害生物的寄主植物；

——属于现行检疫法规规定的国家禁止入境的植物名单，因特殊需要，经过检疫许可的引进植物；

——检疫机构认为需要隔离检疫的其他引进植物。

具体隔离检疫程序也由接样、初检、隔离检疫、实验室检验、检疫处理、有害生物风险分析、放行、档案管理几部分组成。

（3）《境外引进农业植物种苗隔离检疫场所管理规范》（NY/T

3266—2018）和《国外引进植物种苗隔离场圃建设规范》（DB37T 3612—2019） 该标准规定了隔离检疫场所的选址、隔离检疫条件、人员及设备、管理要求、检疫监管及档案管理等，适用于境外引进农业植物种苗隔离简易场所的建设和管理。

（4） 《林用隔离试种苗圃建设技术规程》（LY/T 2203—2013） 该标准规定了引种林业植物繁殖材料的隔离试种苗圃类别、功能和选址条件；隔离试种苗圃基础设施建设；林用隔离试种苗圃仪器设备；隔离试种苗圃的技术支持等。适用于林业植物检疫机构和经营从国（境）外引进林业植物繁殖材料的生产企业和个人引种。

林用隔离试种苗圃根据试种材料的风险级别分为两种：一是专业型隔离试种苗圃，通常由国家或省级林业主管部门建设的国有或集体所有的隔离试种苗圃；二是普及型国外引种试种苗圃，由国家林业和草原局审批认定的试种苗圃。苗圃主要功能区别见该标准 3. 2。

目前有林业行业标准计划项目“普及型国外引种试种苗圃建圃规范”（2017-LY-070）研制中。

二、引种地疫情监测

1. 引种技术规范

引种后试种环节，也会蕴含一定的有害生物风险。但目前并没有关于引种地设施、人员管理要求的标准或规范。在一些具体引进的种苗引种技术规程中，会在个别章节提到引种地选址或有害生物防疫措施。例如《牧草引种试验技术规程》（DB51/T 944—2009）在“6. 5 田间管理”提到试验涉及需考虑对病虫害观察，根据方案要求和当地大田生产方式采取有效防治措施。在《兰花引种及驯化栽培技术规程》（DB45/T 1824—2018）“5. 4. 6 病虫害防治”中提到农业防治和化学防治两种手段。《金莲花引种种植技术规范》（DB64/T 792—2012）的附录F为金莲花病虫鼠害防治标准操作规程。《玉米引种技术规程》（DB37/T 2935—2017）则更为明确地规定了玉米引种中检疫流程，包括检疫送检、隔离种植、产地环境要求等。《野生草本植物引种技术规程》（DB21/T 3337—2020）在引种原则中也注明引种需注意安全性等问题。

2. 疫情监测

（1）《监测准则》（ISPM 第6号，1997）和《植物有害生物调查监测指南》（GB/T 27618—2011）　监测是各国植物保护机构（National Plant Protection Organisations，NPPOs）的核心活动之一，也是检疫准入、非疫区建设维护、有害生物报告和根除、有害生物在某区域的分布状况等植物检疫工作环节的技术基础，在植物保护工作中至关重要。

《国际植保公约》第Ⅳ条规定了国家植物保护工作组织结构安排通则，并特别说明了官方国家植物保护机构的职责应包括“监测生长的植物，包括栽培地区（特别是大田、种植园、苗圃、园地、温室和实验室）和野生植物以及储藏或运输中的植物和植物产品，尤其要达到报告有害生物的发生、暴发和扩散以及防治这些有害生物的目的，其中包括第Ⅷ条1（a）款提到的报告”。根据同一条“划定、保持和监测有害生物非疫区和低度流行区”也是各国植物保护机构的职责。此外，第Ⅶ条2（j）款强调“各缔约方应尽力对有害生物进行监测，收集并保存关于有害生物状况的足够资料”。

国家监测系统涉及一般监测和专项监测。一个国家监测系统由监测计划和实施这些计划所需的基础设施组成。无论是一般监测还是专项监测，监测规程都会对监测方法进行说明。国家监测系统需考虑的支撑要素包括植物检疫法规政策、优先级、计划、资源、文件资料、培训、审核、联络及利益相关方参与、有害生物诊断、信息管理系统和有害生物报告（见图3）。

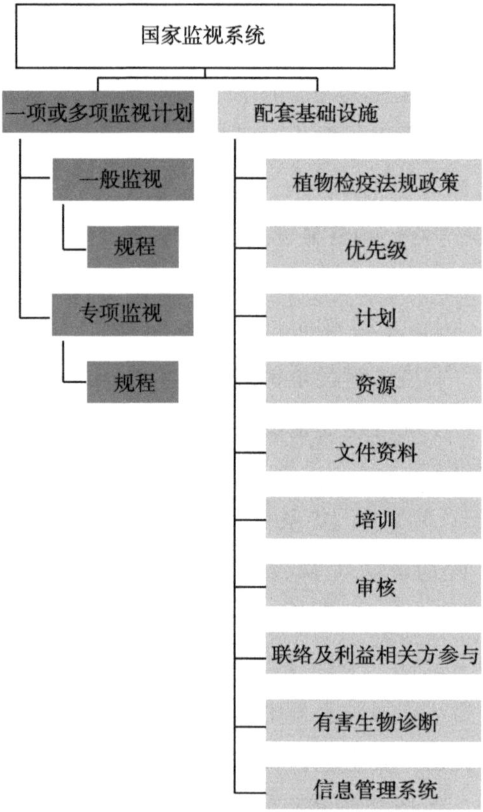

图3　国家监测系统模型

专项监测根据监测目的主要分为三种类型，一是发生调查，即用以确定一个区域内有害生物是否发生或未发生；二是定界调查，用来划分有害生物入侵或无有害生物区域的边界；三是监测调查，为有害生物种群动态调查。

专项监测首先需明确监测目的、范围和对象，再安排监测时间和监测点。监测抽样方法有简单随机抽样、系统抽样、分层抽样、整群抽样、目标抽样。具体参考 ISPM 第 31 号。

（2）其他国家、行业、地方标准 此外，还有大量用于具体植物及植物产品的监测规程，如针对监测选址、数据交换、某大类有害生物的监测技术指南，以及针对进口玉米种子、百合种球等植物或作物的监测规程，和针对有害生物小麦条锈病、松材线虫等的监测规程。

——基础通用类监测规程

国家标准 GB/T 36828—2018 《实蝇诱剂监测方法》

国家标准 GB/T 37802—2019 《农田信息监测点选址要求和监测规范》

行业标准 LY/T 3102—2019 《林业有害生物监测预报数据交换规范》

行业标准 SN/T 3175—2012 《有害生物调查监测指南》

行业标准 SN/T 4797—2017 《口岸外来林木害虫监测指南》

行业标准 SN/T 4981—2017 《外来杂草监测技术指南》

——植物为主的监测规程

针对种植用植物的监测规程主要由植物种植后的监测对象、监测时期、监测方法组成，如对玉米种子种植的苗期和抽雄期开展监测，采用 5 点取样法调查，并附以主要有害生物鉴定特征。

国家标准 GB/T 20496—2006 《进口葡萄苗木疫情监测规程》

国家标准 GB/T 20497—2006 《进口牧草草坪草疫情监测规程》

国家标准 GB/T 20498—2006 《进口花卉种苗疫情监测规程》

国家标准 GB/T 38361—2019 《进境玉米种子疫情监测

规程》

国家标准　GB/T 38362—2019　《进境百合种球疫情监测规程》

国家标准　GB/T 23625—2009　《郁金香种球疫情监测规程》

——针对有害生物的监测规程

针对有害生物的监测方法主要由监测程序和方法组成。一是列出主要监测作物，二是明确监测时间，如香蕉枯萎病监测时期选择在抽蕾后进行，三是划分监测区域，四是明确监测抽样方法，五是鉴定、报告及存档处理。

国家标准　GB/T 15790—2009　《稻瘟病测报调查规范》

国家标准　GB/T 15791—2011　《稻纹枯病测报技术规范》

国家标准　GB/T 15792—2009　《水稻二化螟测报调查规范》

国家标准　GB/T 15793—2011　《稻纵卷叶螟测报技术规范》

国家标准　GB/T 15794—2009　《稻飞虱测报调查规范》

国家标准　GB/T 15795—2011　《小麦条锈病测报技术规范》

国家标准　GB/T 15796—2011　《小麦赤霉病测报技术规范》

国家标准　GB/T 15797—2011　《小麦丛矮病测报技术规范》

国家标准　GB/T 15798—2009　《黏虫测报调查规范》

国家标准　GB/T 15799—2011　《棉蚜测报技术规范》

国家标准　GB/T 15800—2009　《棉铃虫测报调查规范》

国家标准　GB/T 15801—2011　《棉红铃虫测报技术规范》

国家标准　GB/T 15803—2007　《东亚飞蝗测报技术规范》

国家标准　GB/T 15804—2011　《高粱蚜测报技术规范》

国家标准　GB/T 19562—2004　《大豆食心虫测报调查规范》

国家标准　GB/T 23478—2009　《松材线虫普查监测技术规程》

国家标准　GB/T 23619—2009　《柑橘小实蝇疫情监测规程》

国家标准 GB/T 23620—2009 《马铃薯甲虫监测技术规程》
国家标准 GB/T 23620—2009 《马铃薯甲虫疫情监测规程》
国家标准 GB/T 23626—2009 《红火蚁监测技术规程》
国家标准 GB/T 23626—2009 《红火蚁疫情监测规程》
国家标准 GB/T 33036—2016 《香蕉穿孔线虫监测规范》
国家标准 GB/T 35272—2017 《柑橘溃疡病监测规范》
国家标准 GB/T 35333—2017 《柑橘黄龙病监测规范》
国家标准 GB/T 35334—2017 《柑橘木虱（亚洲种）监测规范》
国家标准 GB/T 35335—2017 《黄瓜绿斑驳花叶病毒病监测规范》
国家标准 GB/T 35335—2017 《黄瓜绿斑驳花叶病毒监测规范》
国家标准 GB/T 35339—2017 《香蕉枯萎病监测规范》
国家标准 GB/T 35339—2017 《香蕉枯萎病菌（4 号小种）监测规范》
行业标准 NY/T 2038—2011 《油菜菌核病测报技术规范》
行业标准 NY/T 2039—2011 《梨小食心虫测报技术规范》
行业标准 NY/T 2041—2011 《稻瘿蚊测报技术规范》
行业标准 NY/T 2115—2012 《大豆疫病疫情监测规范》
行业标准 NY/T 2292—2012 《亚洲梨火疫病监测技术规范》
行业标准 NY/T 2412—2013 《稻水象甲监测技术规范》
行业标准 NY/T 2414—2013 《苹果蠹蛾监测技术规范》
行业标准 NY/T 2629—2014 《扶桑绵粉蚧监测规范》
行业标准 NY/T 2865—2015 《瓜类果斑病监测规范》
行业标准 NY/T 3155—2017 《蜜柑大实蝇监测规范》
行业标准 NY/T 3157—2017 《水稻细菌性条斑病监测规范》

行业标准　NY/T 3254—2018　《菜豆象监测规范》

行业标准　NY/T 3636—2020　《腐烂茎线虫疫情监测与防控技术规程》

行业标准　SN/T 2029—2007　《实蝇监测方法》

行业标准　SN/T 4720—2016　《舞毒蛾性诱监测技术指南》

行业标准　SN/T 4721—2016　《甜菜霜霉病菌监测技术指南》

行业标准　SN/T 4984—2017　《马铃薯甲虫监测技术指南》

地方标准　DB37/T 3949—2020　《十字花科蔬菜根肿病疫情监测与防控技术规范》

3. 防除治理

(1)《有害生物根除计划准则》(ISPM 第 9 号, 1998) 和《植物有害生物根除指南》(GB/T 27620—2011)　有害生物根除计划是为了对传入后可能定殖或蔓延的植物采取的紧急措施, 或对已定殖的有害生物采取的根除措施。开展根除计划之前, 首先需要制定合理的根除计划。在一般监测调查工作后, 发现一种新的有害生物, 则是计划制定的起始阶段。在该阶段, 首先需要鉴定物种的准确性, 估计有害生物当前和潜在的分布区。对首次发现地点、寄主、危害程度、气候、土壤等详细记录, 并进一步对该生物的原产地、传播途径、分布情况、预测扩散具体研究。最后对所实施根除计划的成本情况予以效益分析, 建立管理小组, 执行根除计划。

根除涉及监测、封控处理、防治。

监测: 作为启动或证实早先的调查, 应完成界定调查。然后应按照根除计划继续进行监测调查, 以核实有害生物的分布情况并评估根除计划的效率 (ISPM 第 6 号, 1997)。监测可包括为确定有害生物源及其可能的扩散而对途径进行分析, 检查克隆材料和(或) 与接触有联系的材料, 检查、捕捉和空中观察。还可以包括向种植者、负责储藏和搬运设施的人员以及公众进行定向查询。

封控：国家植物保护组织应利用监测信息确定检疫区。启动调查将提供信息，用于确定需要限定从检疫区流出的植物、植物产品或其他物品，以便防止有害生物的扩散。应向受影响的植物、植物产品和其他限定物的所有者通报有关法规。还应向受法规影响的其他有关各方提供足够的信息。宜采用根除计划中介绍的方法核实遵守情况。

应在核实遵照检查、处理或销毁等植物检疫措施之后，为批准从检疫区放行植物、植物产品或其他限定物作出安排。在宣布根除计划成功之后应作出取消限制的安排。

处理及防治：根除有害生物的方法可能包括：

——销毁寄主；

——对设备和设施予以消毒；

——化学和生物杀虫剂处理；

——土壤灭菌剂；

——土地休闲；

——无寄主期；

——使用抑制或消除有害生物种群的栽培品种；

——限制以后的种植；

——捕捉、诱捕或其他物理防治方法；

——大量释放生物防治剂；

——使用昆虫不育技术；

——处理和销毁受侵染的作物。

在多数情况下，根除将要求使用一种以上的处理方案。选择处理和/或防治方案可能受到法律限制或其他因素的限制。在此种情况下，国家植物保护组织可能采用紧急或限制使用等例外手段。

（2）其他国家、行业、地方标准

国家标准　GB/T 23629—2009　《引进植物病原生物安全控制

技术要求》

国家标准　GB/T 27614—2011　《生物防治物和其他有益生物的输入和释放准则》

国家标准　GB/T 33038—2016　《苹果蠹蛾防控技术规程》

国家标准　GB/T 35238—2017　《小麦条锈病防治技术规范》

国家标准　GB/T 35879—2018　《甘蔗螟虫综合防治技术规程》

国家标准　GB/T 23416.1—2009　《蔬菜病虫害安全防治技术规范　第1部分：总则》

国家标准　GB/T 23416.2—2009　《蔬菜病虫害安全防治技术规范　第2部分：茄果类》

国家标准　GB/T 23416.3—2009　《蔬菜病虫害安全防治技术规范　第3部分：瓜类》

国家标准　GB/T 23416.4—2009　《蔬菜病虫害安全防治技术规范　第4部分：甘蓝类》

国家标准　GB/T 23416.5—2009　《蔬菜病虫害安全防治技术规范　第5部分：白菜类》

国家标准　GB/T 23416.6—2009　《蔬菜病虫害安全防治技术规范　第6部分：绿叶菜类》

国家标准　GB/T 23416.7—2009　《蔬菜病虫害安全防治技术规范　第7部分：豆类》

国家标准　GB/T 23416.8—2009　《蔬菜病虫害安全防治技术规范　第8部分：根菜类》

国家标准　GB/T 23416.9—2009　《蔬菜病虫害安全防治技术规范　第9部分：葱蒜类》

行业标准　LY/T 2027—2012　《紫茎泽兰防控规程》

行业标准　LY/T 2521—2015　《舞毒蛾防治技术规程》
行业标准　NY/T 1282—2007　《柑橘全爪螨防治技术规范》
行业标准　NY/T 2042—2011　《苎麻主要病虫害防治技术规范》
行业标准　NY/T 2044—2011　《柑橘主要病虫害防治技术规范》
行业标准　NY/T 2045—2011　《番石榴病虫害防治技术规范》
行业标准　NY/T 2046—2011　《木薯主要病虫害防治技术规范》
行业标准　NY/T 2049—2011　《香蕉、番石榴、胡椒、菠萝线虫防治技术规范》
行业标准　NY/T 2157—2012　《梨主要病虫害防治技术规程》
行业标准　NY/T 23267—2018　《马铃薯甲虫防控技术规程》
行业标准　NY/T 2415—2013　《红火蚁化学防控技术规程》
行业标准　NY/T 2630—2014　《黄瓜绿斑驳防控技术规范》
行业标准　NY/T 2767—2015　《牧草病害调查与防治技术规程》
行业标准　NY/T 2919—2016　《瓜类果斑病防控技术规程》
行业标准　NY/T 2920—2016　《柑橘黄龙病防控技术规程》
行业标准　NY/T 3555—2020　《番茄溃疡病菌防控技术规程》
行业标准　NY/T 3636—2020　《腐烂茎线虫疫情监测与防控技术规程》
行业标准　NY/T 796—2021　《稻水象甲防治技术规范》
行业标准　NY/T 2767—2015　《牧草病害调查与防治技术规程》
行业标准　SN/T 1582—2005　《引进外来有害生物及其控制物检疫规程》

行业标准　SN/T 2118—2008　《引进天敌和生物防治物管理指南》
行业标准　SN/T 2961—2011　《外来入侵植物防控技术》
地方标准　DB21/T 2781—2017　《花布灯蛾防治技术规程》
地方标准　DB21/T 2782—2017　《栗山天牛防治技术规程》
地方标准　DB21/T 2783—2017　《核桃楸扁叶甲防治技术规程》
地方标准　DB21/T 2792—2017　《高粱主要土传、种传病害防治技术规程》
地方标准　DB37/T 318—2016　《水果有害生物综合防治技术规程　第1部分：葡萄》
地方标准　DB37/T 321—2017　《苹果有害生物安全控制技术规程》
地方标准　DB37/T 3949—2020　《十字花科蔬菜根肿病疫情监测与防控技术规范》
地方标准　DB37/T 4069—2020　《芦笋有害生物安全控制技术规程》

第五章　植物种质资源引进标准体系框架

结合植物种质资源引进流程及生物安全风险防控技术标准，初步形成植物种质资源引进生物安全风险防控标准体系。根据种质资源所处时空阶段，构建为 3 个层级。第一层级为入境前（编号：10）、入境时（编号：11）和入境后（编号：12）；第二层级从第一层级分出，由检疫准入等 7 个大类组成；第三层级又从第二层级的类别分出，形成基础通用等 17 个子类别。各标准类别中的技术也互有交叉，如检测鉴定技术标准、疫情监测、检疫处理标准可适用于入境前、入境时、入境后的一些环节。境外产地预检和入境后引种地的疫情监测可共用监测技术、检测鉴定技术标准。境外植物繁殖材料脱毒处理等环节，和入境后材料的检疫处理可共用相同的技术。具体类别见图 5-1。

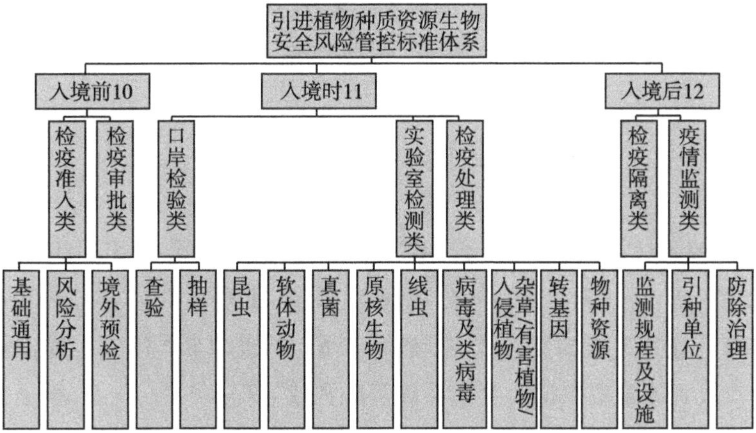

图 5-1　引进植物种质资源生物安全风险管控标准体系

第一节　检疫准入类

检疫准入类（编号：2101）包括基础通用（编号：321011）、风险分析（编号：321012）和境外预检（编号：321013）3类。

基础通用包括《国际贸易中植物保护和植物检疫措施应用的植物检疫原则》（ISPM 01）、《植物检疫措施等同性的确定和认可准则》（ISPM 24）等，现有21项国际（16）、国家（2）、行业（3）标准。以国际通用植物检疫措施原则、术语，贯穿植物检疫整个流程的指南、规范、技术为主。

风险分析包括《有害生物风险分析框架》（ISPM 02）、《检疫性有害生物风险分析》（ISPM 11）等，现有23项国际（10）、国家（9）、行业（4）标准。以有害生物风险分析原则、框架，以及检疫性有害生物等更具体类别的有害生物风险分析方法为主。

境外预检包括《境外配合饲料生产、加工、存放企业注册登记规范》（SN/T 4989—2017）、《查验准则》（ISPM 23）等，现有8项国际（2）、行业（6）标准。主要为涉及境外预检所包括的注册登记、查验等规范或指南。

第二节　检疫审批类

检疫审批类（编号：2102）包括《植物检疫出证体系》（ISPM 07）、《进境植物检疫管理系统准则》（GB/T 23630—2009）等共7项国际（2）、国家（3）、行业（2）标准。为进境时涉及到的检疫出证、管理系统等准则或规程。

第三节　口岸查验类

口岸查验类（编号：2111）包括查验（编号：321111）和抽样（编号：321112）两类。

查验包括《查验准则》（ISPM 23）、《进出境货物木质包装材料检疫管理准则》（GB/T 28060—2011）、《进出境瓜类种子检疫规程 细菌》（GB/T 37279—2018）、《进境植物种苗口岸考核要求》（SN/T 4329—2015）等共 110 项国际（2）、国家（7）、行业（101）标准。既有查验适用的一般准则，也有针对具体外包装、产品的查验检疫规程，也有针对指定口岸、集装箱等设施建设的要求。

抽样主要有《货物抽样方法》（ISPM 31）、《植物检疫抽样技术规则》（SN/T 3462—2012）、《进出境植物及植物产品检疫抽样方法》（SN/T 2122—2015）等 5 项国际（1）、行业（4）标准。抽样类标准实际在入境前的检疫查验中也多有涉及，但在进境检疫中使用最多，因而将该技术标准置于此大类中。

第四节　实验室检测类

实验室检测类（编号：2112）分昆虫（编号：321121）、软体动物（编号：321122）、真菌（编号：321123）、原核生物（编号：321124）、线虫（编号：321125）、病毒及类病毒（编号：321126）、杂草（编号：321127）、转基因（编号：321128）、物种资源（编号：321129）共 9 类。

昆虫类包括《红火蚁检疫鉴定方法》（GB/T 20477—2006）、《谷斑皮蠹（*Trogoderma granarium* Everts）诊断规程》（ISPM 第 31

号）等243项国际（9项）、国家（47）和行业标准（187）。

软体动物类包括《非洲大蜗牛检疫鉴定方法》（GB/T 29576—2013）等17项国家和行业标准。

真菌类包括《小麦印度腥黑穗病菌检疫鉴定方法》（GB/T 28080—2011）、《小麦印度腥黑穗病菌（*Tilletia indica* Mitra）诊断规程》（ISPM第27号附件04）、《花卉植物真菌病害检测规程》（NY/T 1281—2007）等172项国际（4）、国家（57）、行业（110）和地方（1）标准。

原核生物类包括细菌和植原体，有《梨火疫病菌（*Erwinia amylovora*）》（ISPM第27号附件13）、《马铃薯环腐病菌检疫鉴定方法》（GB/T 28978—2012）、《马铃薯斑马片病菌检疫鉴定方法》（SN/T 5139—2019）、《兰花细菌性褐腐病菌检疫鉴定方法》（DB37/T 3987—2020）等91项国际（6）、国家（36）、行业（49）和地方（1）标准。

线虫类包括《广义美洲剑线虫（*Xiphinema americanum* sensu lato）》（ISPM第27号附件11）、《松材线虫分子检测鉴定技术规程》（GB/T 35342—2017）、《短体线虫（非中国种）检疫鉴定方法》（SN/T 5208—2021）等41项国际（4）、国家（11）、行业（26）标准。

病毒及类病毒类包括《番茄斑萎病毒，凤仙花坏死斑病毒和西瓜银斑病毒（Tomato spotted wilt virus，Impatiens necrotic spot virus and Watermelon silver mottle virus）》（ISPM第27号附件24）、《蓝莓休克病毒检疫鉴定方法》（GB/T 40455—2021）、《烟草线条病毒检疫鉴定方法》（SN/T 5388—2021）、《马铃薯种薯（种苗）病毒多重RT-PCR检测技术规程》（DB21/T 2341—2014）等129项国际（4）、国家（56）、行业（67）和地方（2）标准。

杂草类包括《假高粱（*Sorghum halepense*）》（ISPM第27号附

件 19)、《长芒苋检疫鉴定方法》(GB/T 40193—2021)、《印度大麻检疫鉴定方法》(SN/T 5383—2021) 等 59 项国际 (1)、国家 (26)、行业 (32) 标准。

转基因类包括《转基因产品检测 实时荧光定性聚合酶链式反应 (PCR) 检测方法》(GB/T 19495.4—2018)、《进境植物及其产品转基因检验规程》(SN/T 3283—2012)、《兰花细菌性褐腐病菌检疫鉴定方法》(DB37/T 3987—2020) 等 91 项国家 (2)、行业 (89) 标准。

物种资源类包括《草菇菌种》(GB/T 23599—2009)、《菜豆的多重 PCR 鉴定方法》(SN/T 1586.3—2011)、《中药材种子种苗 浙贝母种鳞茎》(T/CACM 1056.117—2019) 等 48 项国家 (1)、行业 (13) 和团体 (34) 标准。

第五节　检疫处理类

检疫处理类 (编号：2113) 包括《辐照处理作为检疫措施准则》(ISPM 第 18 号)、《管制性有害生物的植物检疫处理》(ISPM 第 28 号)、《集装箱熏蒸操作规程》(GB/T 36854—2018)、《重要绿植扶桑绵粉蚧甲酸乙酯检疫熏蒸处理方法》(SN/T 5128—2019)、《蔬菜废弃物无害化处理技术规范》(DB37/T 3519—2019) 等 102 项国际 (33)、国家 (9)、行业 (59) 和地方 (1) 标准。

第六节　检疫隔离类

检疫隔离类 (编号：2121) 包括《入境后植物检疫站的设计和操作》(ISPM 第 34 号)、《隔离检疫圃分级》(GB/T 23415—

2009)、《进境植物隔离检疫圃的设计和操作》(GB/T 36814—2018)、《林用隔离试种苗圃建设技术规程》(LY/T 2203—2013)等9项国际(1)、国家(4)、行业(4)标准。

第七节 疫情监测类

疫情监测类(编号:2122)包括监测规程及设施(编号:321221)、引种单位(编号:321222)和防除治理(编号:321223)3类。

监测规程及设施类包括《监测准则》(ISPM 第6号)、《建立非疫区的要求》(ISPM 第4号)、《马铃薯甲虫监测技术规程》(GB/T 23620—2009)、《有害生物调查监测指南》(SN/T 3175—2012)等70项国际(7)、国家(42)、行业(21)标准。

引种单位类包括《农业植物检疫实验室基础条件》(GB/T 23621—2009)、《生物安全饲养室准则》(SN/T 2375—2009)、《玉米引种技术规程》(DB37/T 2935—2017)7项国家(1)、行业(1)、地方(5)标准。

防除治理类包括《有害生物根除计划准则》(ISPM 第9号)、《生物防治物和其他有益生物的输出、运输、输入和释放准则》(ISPM 03)、《苹果蠹蛾防控技术规程》(GB/T 33038—2016)、《稻水象甲防治技术规范》(NY/T 796—2021)、《花布灯蛾防治技术规程》(DB21/T 2781—2017)等50项国际(2)、国家(15)、行业(24)、地方(9)标准。

参考文献

季健清，2019. 三道防线十二项制度［J］. 中国海关（5）：6.

李尉民，2020. 国门生物安全［M］. 北京：科学出版社.

朱水芳，2019. 植物检疫学［M］. 北京：中国农业出版社.

Commission on Phytosanitary Measures（CPM）of International Plant Protection Convention（IPPC），2017. International standards for phytosanitary measures（ISPMs）［EB/OL］. https：//www. ippc. int/zh/core-activities/standards-setting/ispms/.

附　　件

附件1　种传、种源和污染的有害生物

（引自 ISPM 第 38 号）

1　种子内部或外部传带的并直接侵染由种子生长出的寄主植物的种传有害生物

西瓜（*Citrullus lanatus*）种子里的瓜类细菌性果斑病菌（*Acidovorax citrulli*）。

番茄（*Solanum lycopersicum*）种子里的番茄溃疡病菌（*Clavibacter michiganensis* subsp. *Michiganensis*）。

紫花苜蓿（*Vicia faba*）和蚕豆（*Medicago sativa*）种子上或里面的鳞球茎线虫（*Ditylenchus dipsaci*）。

松木（*Pinus* spp.）和花旗松（*Pseudotsuga menziessii*）种子上或里面的松树脂溃疡病菌（*Fusarium circinatum*）。

豌豆（*Pisum sativum*）种子里的豌豆种传花叶病毒（*Pea seed-borne mosaic virus*）。

香瓜（*Cucumis melo*）种子里的小南瓜花叶病毒（*Squash mosaic virus*）。

番茄（*S. lycopersicum*）种子里的番茄花叶病毒（*Tomato mosaic virus*）。

2　种子内部或外部传带并转移到环境中（如水、土壤），然后侵染自然条件下寄主植物的非种传有害生物

紫花苜蓿（*V. faba*）和蚕豆（*M. sativa*）种子上或里面的鳞球茎线虫（*D. dipsaci*）。

番茄（*S. lycopersicum*）种子上的番茄枯萎病菌（*Fusarium oxysporum* f. sp. *lycopersici*）。

亚麻（*Linum usitatissimum*）种子上的燕麦镰刀菌（*Gibberella avenaceae*）。

冷杉属（*Abies* spp.）种子里的大痣小蜂（*Megastigmus* spp.）。

3　种子内部或外部携带，不转移到自然环境中寄主植物上的有害生物

蝶形花科（Fabaceae）种子上的绿豆象（*Callosobruchus chinensis*）和瘤背豆象（*C. maculatus*）。

水稻（*Oryza sativa*）种子上的水稻黄斑点病毒（*Rice yellow mottle virus*）。

4　污染性有害生物

水稻（*Oryza sativa*）种子里的碎米莎草（*Cyperus iria*）。

受松针碎片污染的松木（*Pinus* spp.）种子里松针红斑病菌（*Mycosphaerella pini*）。

洋葱（*Allium cepa*）种子里的白腐小核菌（*lerotium cepivorum*）菌核。

附件 2　随种子传带的有害生物及传入风险

（引自 ISPM 第 38 号）

1　节肢动物

1.1　收获前有害生物

田间节肢动物包括收获前种子发育阶段在种子上或里面取食的有害生物。

在种子货物中可能不存在的田间节肢动物包括：

——取食种子的外表部分节肢动物，在收获和清洁阶段常常被清除。

——取食种子内部的节肢动物，通常在种子在成熟和收获前脱落。

田间在成熟种子内部取食的节肢动物在种子货物中存在的可能性很高，因为通常在收获期间随种子一起被收集。在有害生物风险管理阶段需要考虑，以便确定这些节肢动物（如豆象科）是否能通过质量检验，是否能在储藏条件下存活。

1.2　收获后有害生物

储藏期间，节肢动物能侵染收获后的种子，特别是当种子储藏条件较差时。

外部取食的节肢动物在种子货物中可能没有。在种子上取食但不附着在种子外部的节肢动物可能毁坏种子并传播有害生物。当卫生条件较差或杂质过多时，次要有害生物（如小蕈甲属、粉螨属、书虱属）也可能存在。

内部取食的节肢动物在种子货物中存在的可能性较高。因此，应当考虑在储藏条件较差情况下感染种子产品的可能性。内部取食种子的节肢动物能侵染打包前能接触到的种子。

2 真菌

与种子外部或内部有关系的真菌和类真菌生物可能不导致植株发病，但能引起腐烂、坏死、降低发芽率并侵染苗木。种子病原真菌能够根据田间病原体和仓储病原体进行分组。真菌可以在种子表面存在，或作为污染有害生物混在种子中，能传入并扩散到寄主作物或其他作物（如通过污染生长介质）。真菌可能存在于种子表面或内部，通过这种方式被传入或扩散到寄主作物上去。

3 细菌

不是所有的细菌都是种传有害生物，其感染症状易被发现。

4 病毒

并非所有病毒都能种子传播。除烟草花叶病毒属外，通常只有种胚被侵染的病毒是种子传播的。

5 类病毒

有一些类病毒能通过种子传播。

6 植原体和螺原体

在自然条件下，没有确切证据表明种子传播植原体和螺原体。

7 线虫

有些线虫种类为害植株地上部分，包括种子（如鳞球茎线虫、小麦粒线虫、剪股颖粒线虫）。被确认为种子传播有害生物的线虫通常是内寄生（内部取食者）种类。有些外寄生（外部取食者）的种类在种子、植株残体和土壤中有休眠阶段（水稻干尖线虫），或变成内寄生，侵入植物花序并发育成种子（如小麦粒线虫）。

8 作为有害生物的植物

作为有害生物的植物种子（如杂草、寄生植物）可能在批量种子中作为污染有害生物被传播。

附件 3　进境植物种苗指定监管场地名单

进境植物种苗指定监管场地名单

直属海关	主管（隶属）海关	指定监管场地名称	邮政地址	经营单位名称	场所/场地编码	所在口岸区域
北京海关	首都机场海关	首都机场海关查验中心	北京市顺义区保汇二街 15 号院	北京综合保税区开发管理有限公司	CNBJS01S001	首都国际机场
北京海关	天竺海关	北京天竺综保区指定监管场地	北京市顺义区金岸中路 7 号院	北京天保佳畅物流有限公司	CNBJS01S008	首都国际机场
天津海关	天津新港海关	天津港强集团有限公司	天津市港保税区海滨九路 187 号	天津港强集团有限公司	CNTXG02S608	天津新港
天津海关	天津滨海机场海关	天津航空口岸大通关基地进境植物种苗指定监管场地	天津市空港物流区通澜路 59 号	天津航空物流发展有限公司	CNTSN02S665	天津滨海国际机场
大连海关	大连周水子机场海关	辽宁省大连市国际机场种苗指定监管场地	辽宁省大连市甘井子区迎客路 100 号	大连国际机场集团有限公司	CNDLC090088	大连周水子国际机场
大连海关	大窑湾海关	辽宁省大连市大连港毅都冷链二期种苗指定监管场地	辽宁省大连市保税区物流园区港六路 12 号	大连港毅都冷链有限公司	CNDYW090083	大连港大窑湾港区
哈尔滨海关	哈尔滨太平机场海关	哈尔滨太平国际机场进境植物种苗指定监管场地	黑龙江省哈尔滨市太平国际机场空港 5 路	黑龙江省机场管理集团有限公司货运销售分公司	CNHRB190125	哈尔滨太平国际机场
上海海关	洋山海关	上海深水港国际物流有限公司查验点	芦潮港镇顺通路 8 号	上海深水港国际物流有限公司	CNYSA48S053	洋山港

（续表）

直属海关	主管（隶属）海关	指定监管场地名称	邮政地址	经营单位名称	场所/场地编码	所在口岸区域
上海海关	外高桥港区海关	上港集团冷链物流进境植物种苗指定监管场地	浦东新区港建路1565号	上港集团冷链物流有限公司	CNWIG220540	外高桥港
上海海关	浦东机场海关	东方航空物流进境植物种苗指定监管场地	河滨西路1577号	中国东方航空公司	CNPVG220481	浦东国际机场
上海海关	浦东机场海关	浦东国际机场西区进境植物种苗指定监管场地	河滨西路501号	机场集团有限公司	CNPVG220292	浦东国际机场
南京海关	南京禄口机场海关	南京禄口国际机场国际货运中心	南京禄口国际机场国际货运中心	东部机场集团有限公司	CNNKG230011	南京禄口国际机场
南京海关	连云港海关	连云港新东方集装箱码头	江苏省连云港市连云区庙岭港区	连云港新东方集装箱码头有限公司	CNLYG230026	
南京海关	连云港海关	江苏中荷花卉股份有限公司苗圃	江苏省连云港市海州开发区	江苏中荷花卉股份有限公司	CNLYG23S006	
南京海关	连云港海关	连云港外贸冷库有限责任公司	江苏省连云港市连云区中山中路482号	连云港外贸冷库有限责任公司	CNLYG23S012	
杭州海关	杭州萧山机场海关	杭州萧山国际机场航空物流有限公司监管场所	浙江省杭州市萧山区翔飞路杭州萧山国际机场航空货站B区	杭州萧山国际机场航空物流有限公司	CNHGH290077	杭州萧山国际机场
宁波海关	大榭海关	大亚中创	宁波市北仑区北极星路2号	宁波大亚中创国际物流有限公司	CNNBO310205	宁波港

（续表）

直属海关	主管（隶属）海关	指定监管场地名称	邮政地址	经营单位名称	场所/场地编码	所在口岸区域
宁波海关	梅山海关	*浙江省宁波市梅山进口罗汉松种苗类指定监管场地	宁波市梅山岛梅兴码头西侧	宁波梅山保税港区物流有限公司	CNNBO 310209	宁波港
福州海关	福州长乐机场海关	福州国际航空港有限公司海关监管仓库	福州长乐国际机场货运站	元翔（福州）国际航空港有限公司	CNFOC 350172	福州长乐国际机场
福州海关	马尾海关	福州青州集装箱码头有限公司	马尾罗星东路3号	福州青州集装箱码头有限公司	CNMAW 350020	福州港闽江口内港区
福州海关	榕城海关	福州新港国际集装箱码头有限公司海关监管码头	福建省福清市江阴镇新江路1号	福州新港国际集装箱码头有限公司	CNFZH 350042	福州港江阴港区
福州海关	平潭海关	福建省平潭港口岸金井港区进境种苗指定监管场地	福建省福州市平潭综合试验区金井片区吉钓路1号	平潭综合实验区港务发展有限公司	CNPTJ 350145	平潭港金井港区
厦门海关	东渡海关	*厦门集装箱码头集团有限公司海天码头监管场所	中国（福建）自由贸易试验区厦门片区象屿路8号	厦门集装箱码头集团有限公司	CNXAM 370226	厦门港
厦门海关	厦门机场海关	厦门航空有限公司货运监管仓库	福建省厦门市湖里区埭辽路22号	厦门航空有限公司	CNXAM 370220	厦门高崎国际机场
厦门海关	厦门机场海关	元翔货服国际进港仓库	福建省厦门市湖里区翔云一路42号	元翔空运货服（厦门）有限公司	CNXAM 370218	厦门高崎国际机场
青岛海关	青岛大港海关	青岛中外运集装箱仓码有限公司	山东省青岛市市北区港华路	青岛中外运集装箱仓码有限公司	CNQGD 420170	青岛港

（续表）

直属海关	主管（隶属）海关	指定监管场地名称	邮政地址	经营单位名称	场所/场地编码	所在口岸区域
青岛海关	烟台海关	烟台国际集装箱码头有限公司监管作业场所	山东省烟台市芝罘区港湾大道158号	烟台国际集装箱码头有限公司	CNYAT420286	烟台港
青岛海关	青岛流亭机场海关	青岛胶东国际机场进境植物种苗指定监管场地	山东省青岛市胶州市顺港一路8号	青岛国际机场集团	CNTAO420321	青岛胶东国际机场
武汉海关	武汉天河机场海关	武汉天河机场监管作业场所	武汉天河机场北货区C3国际库	湖北空港航空地面服务有限公司	CNWUH470061	武汉天河国际机场
广州海关	番禺海关	*广州市番禺区莲花山港	广州市番禺区石楼镇港前路5号	广州市番禺莲花山番港货运有限公司	CNPNY510150	广州港莲花山港区莲花山港货运码头
广州海关	佛山海关驻顺德办事处	*佛山市顺德区勒流港	佛山市顺德区勒流港货柜码头	佛山市顺德区勒流港货柜码头有限公司	CNSUD510099	佛山顺德勒流港货运码头
广州海关	佛山海关驻南海办事处	*佛山市南海区三山港	广东省佛山市南海区桂城街道三山大道1号	南海国际货柜码头有限公司	CNNHS510088	佛山南海港三山港
广州海关	广州白云机场海关	广州白云机场新运进境植物种苗指定监管场地	广州白云国际机场北工作区空港北二路特殊商品集中查验场	广州新运国际货运代理有限公司	CNCAN51S004	广州白云国际机场
广州海关	南沙海关	南沙港进境植物种苗监管场地	广州市南沙区龙穴大道南9号	广州南沙海港集装箱码头有限公司	CNGGZ510121	广州港南沙港区南沙港二期码头
深圳海关	沙头角海关	*沙头角口岸货运进出境海关监管现场	广东省深圳市盐田区沙头角沙深路51号	深圳市口岸办	CNSNZ53S006	沙头角

（续表）

直属海关	主管（隶属）海关	指定监管场地名称	邮政地址	经营单位名称	场所/场地编码	所在口岸区域
深圳海关	蛇口海关	* 蛇口集装箱码头	广东省深圳市南山区西港路 4 号	蛇口集装箱码头有限公司	CNSHK 530196	蛇口港
深圳海关	蛇口海关	* 赤湾集装箱码头	广东省深圳市南山区右炮台路 7 号	赤湾集装箱码头有限公司	CNSHK 530197	赤湾港
深圳海关	蛇口海关	* 广东省深圳市妈湾集装箱码头进境植物种苗指定监管场地	广东省深圳市南山区妈湾大道 1007 号	招商局港口集团股份有限公司	CNSHK 530905	妈湾港
深圳海关	大鹏海关	盐田国际集装箱码头进境植物种苗指定监管场地	广东省深圳市盐田区进港一路盐田国际集装箱码头	盐田国际集装箱码头有限公司	CNYTN 530200	盐田港国际集装箱码头
汕头海关	汕头港海关	汕头国际集装箱码头	汕头市中山东路珠池港 7 号及 8 号泊位	汕头国际集装箱码头有限公司	CNSTG 601018	汕头港
汕头海关	广澳海关	汕头招商局港口集团有限公司广澳港区	广东省汕头市濠江区广澳湾内	汕头招商局港口集团有限公司	CNSTG 601040	汕头港
黄埔海关	黄埔新港海关	广州集装箱码头	广州经济技术开发区黄埔新港路 1 号	广州集装箱码头有限公司	CNGGZ 521813	广州港黄埔港区
海口海关	海口美兰机场海关	海口美兰国际空运货栈	海南省海口市美兰国际机场二街一号	海南美兰机场国际货运有限责任公司	CNHAK 640083	海口美兰国际机场
海口海关	三亚海关	三亚凤凰国际机场进境植物种苗指定监管场地	海南省三亚市天涯区凤凰路 578 号	三亚凤凰国际机场货运有限公司	CNHAK 640071	三亚凤凰国际机场

（续表）

直属海关	主管（隶属）海关	指定监管场地名称	邮政地址	经营单位名称	场所/场地编码	所在口岸区域
成都海关	成都双流机场海关	成都双流国际机场货站	成都双流区航枢大道489号	成都双流国际机场航空地面服务有限公司	CNCDU 790046	成都双流国际机场
昆明海关	瑞丽海关	瑞丽市口岸联检中心查验货场	云南省德宏州瑞丽市姐告联检中心	瑞丽市宝玉珠宝街管理有限公司	CNRUI 860145	瑞丽（公路）
昆明海关	勐腊海关	*磨憨口岸国际物流中心	云南省西双版纳州勐腊县磨憨经济开发区磨本村旁	磨憨金孔雀交通运输有限责任公司	CNMHN 860136	磨憨（公路）
昆明海关	昆明长水机场海关	东航物流云南分公司海关监管作业场所	云南省昆明市东方航空物流有限公司云南分公司	东方航空物流股份有限公司云南分公司	CNKMG 860170	昆明长水国际机场
昆明海关	昆明长水机场海关	云南空港物流海关监管作业场所	云南省昆明市云南空港物流有限公司	云南空港物流股份有限公司	CMKMG 860168	昆明长水国际机场
西安海关	西安咸阳机场海关	西安咸阳国际机场进境植物种苗指定监管场地	陕西省西咸新港新城空港西三路006号	西部机场集团航空物流有限公司	CNSIA 900027	西安咸阳国际机场
兰州海关	兰州中川机场海关	兰州中川国际机场监管作业场所	甘肃省兰州新区空港路16号	甘肃省民航航空物流有限责任公司	CNLHW 950021	兰州中川国际机场
贵阳海关	贵阳龙洞堡机场海关	贵阳龙洞堡国际货运海关监管作业场所	贵阳市南明区货运1号路国际货运部	贵州航空港物流产业发展有限公司	CNKWE 830011	贵阳龙洞堡国际机场
乌鲁木齐海关	阿拉山口海关	阿拉山口进境种苗指定监管场地	新疆博州阿拉山口市综合保税区园区综三路11号	阿拉山口综合保税区金港开发有限责任公司	CNAKL 04S009	阿拉山口（公路、铁路）

注：* 表示场地为可承接进口罗汉松监管业务的特定监管场地。